AI / データサイエンス ライブラリ "基礎から応用へ" 6

ネットワーク学習から経済と法分析へ

久野遼平・大西立顕・渡辺努 共著

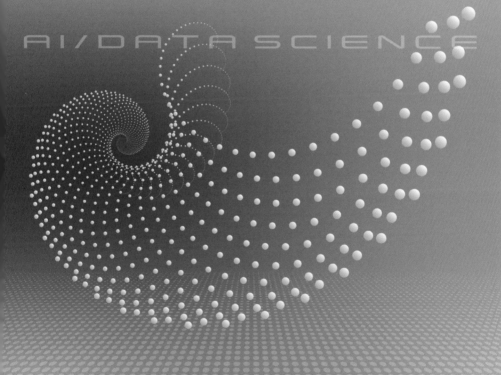

サイエンス社

編 者 の 言 葉

　本ライブラリはAI/データサイエンスの基礎理論とその応用への接続について著した書籍群である．AI/データサイエンスは大量のデータから知識を獲得し，これを有効活用して価値につなげる技術である．今やビッグデータの時代における中核的な情報技術であり，その発展は目覚ましい．この事情に伴い，AI/データサイエンスに関する書物は巷に溢れている．その中には基礎，応用それぞれの書物は沢山有るが，その架け橋的な部分に重きをおいたものは少ない．実は，AI/データサイエンスを着実に身につけるには，基礎理論と応用技術をバランスよく吸収し，その「つなぎ」の感覚を磨いていくことが極めて重要なのである．こうした事情から，本ライブラリはAI/データサイエンスの基礎理論の深みを伝え，さらに応用への「架け橋」の部分を重視し，これまでにないライブラリとなることを目指して編集された．全ての分冊には「（基礎技術）から（応用技術）へ」の形式のタイトルがついている．

　ここで，基礎には様々なレベルがある．純粋数学に近い基礎（例：組合せ理論，トポロジー），応用数学としての基礎（例：情報理論，暗号理論，ネットワーク理論），機械学習理論の基礎（例：深層学習理論，異常検知理論，最適化理論）などである．本ライブラリの各分冊では，そのような様々なレベルの基礎理論を，具体的な応用につながる形で体系的にまとめて紹介している．コンパクトでありながら，理論の背景までを詳しく解説することを心掛けた．その中には，かつては応用されることが想像すらできなかった要素技術も含まれるであろう．一方で，最も基本的な要素技術としての確率，統計，線形代数，計算量理論，プログラミングについては前提知識として扱っている．

　また，応用にも様々なレベルがある．基礎に近い応用（例：機械学習，データマイニング），分野横断的な応用（例：経済学，医学，物理学），ビジネスに直結する応用（例：リスク管理，メディア処理）などである．これら応用については，基礎理論を理解してコーディングしたところで，すぐさま高い効果が得られるというものではない．応用では，分野特有の領域知識に基づいて，その価値を判断することが求められるからである．よって，基礎理論と領域知識

を融合し，真に価値ある知識を生み出すところが最も難しい．この難所を乗り越えるには，応用を念頭に基礎理論を再構成し，真に有効であった過去の先端的事例を豊富に知ることが必要である．本ライブラリの執筆陣は全て，応用に深く関わって基礎理論を構築してきた顔ぶれである．よって，応用を念頭にした，有効な基礎理論の使いどころが生々しく意識的に書かれている．そこが本ライブラリの「架け橋」的であるところの特長である．

　内容は大学学部生から研究者や社会人のプロフェッショナルまでを対象としている．これから AI やデータサイエンスの基礎や応用を学ぼうとしている人はもちろん，新しい応用分野を開拓したいと考えている人にとっても参考になることを願っている．

編者　山西健司

ま　え　が　き

　ネットワークとは物事の関係性に着目したデータ表現法の 1 つである．社会においてはネットワークを用いて分析することが適しているデータが豊富に存在する．経済学においては，企業をノードとし仕入販売関係をエッジとすることでサプライチェーンを分析することが可能である．本書で扱う他の例としては，銀行送金データを分析することによって，貨幣の流通速度や景気の動向についての知見を得ることもできる．社会学では，ソーシャルネットワーキングサービスより収集された友人関係等のデータを利用し，口コミ等の情報伝播の分析が行える．経営学においては，組織構造を分析するときにネットワーク分析の使用が見受けられる．法学では，裁判の判例や法条の引用・共起関係等，法の構造をネットワークで分析することが可能である．政治学においては，ある決定を下した国に対し他国がどのように追従して，同様の決定を下すかという国家間の影響関係を分析することができる[1]．このように社会の至るところでネットワークを見つけることはできる．

　今挙げた例はつながりの主体となるノードと関係を表現するエッジが全て 1 種類に限定されている状況である．しかしネットワーク学習が対象にするものは何もこれだけではない．まずはエッジの種類を増やしてみる．人間関係を分析する際に友人関係だけでは十分に人間関係を捉えきれないときがある．組織内での上下関係や婚姻関係も含め総合的に分析することで初めて見える重要なつながりがあるかもしれない．企業も同様に親子関係や債務債権関係，ライセンシング関係，所有関係などを総合的に検討することでわかることもある．エッジ型だけでなくノード型を増やすこともできる．有名経営者がある企業の役員を務めていたときに他にどの企業の役員を兼任しているかを知ることで企業間の隠れた力関係がわかることがある．タイヤは自動車のパーツであるという情報をネットワークに記録しておくことで，単に仕入販売関係だけを分析する以上に，自動車を製造している企業に対して自動車部品メーカーを適切に推薦できるようになるかもしれない．

　本書はこうしたネットワークをネットワーク学習の観点から分析する方法を

まとめたものである．本書では例えば次のような問題を考える．

- 関係性の情報からノードについて何がわかるか？ どのような特徴量を作ることができるか？ それは分類や回帰で役立つか？ サブネットワークについても同様のことは可能か？ 複数の解像度でネットワークを分析すると何がわかるか？

- ネットワーク上での拡散はどのように定式化されるか？ つながっていることによって何が変わるか？ ネットワーク全体としてどのような特徴を持つか？ 拡散パターンからノードを特徴づけることは可能か？

- どういう仕組みでネットワークは形成されるか？ エッジを生む決定要因は何か？ エッジの張替えはどのようにして生じるか？

- 時間発展する動的ネットワークの変化点や異常検知は可能か？（本ライブラリ山西[2] 第2章）

- 現実のネットワークと似たネットワークを生成することは可能か？ テンポラルネットワークの場合はどうか？

- 複数の関係を含むネットワーク（マルチプレックスネットワーク）からの情報を補完的に活用できるか？ ナレッジグラフの場合はどうか？

- エッジの整合性判定や異常検知はできるか？ ネットワーク全体の中で特徴的なサブネットワークやパスは検知できるか？

- あるネットワークで訓練したモデルはどこまで他のネットワークで使えるか？

ネットワークの分析枠組みは複数ある．本書では中でもネットワークに関係する物理現象の解明に注目する**複雑ネットワーク**，統計学，計量経済学，機械学習に根差した**統計的ネットワーク**，深層学習を用いた**グラフニューラルネットワーク**を第1章から第3章にかけて横断的に紹介することで，古典的問題から最先端の問題までを俯瞰的に理解できるようにした．本書では近年注目を集めている深層学習の手法と関連する枠組みを，最初の2つの章ではなるべく解説するようにしている．特に似た問題に対して分野間での扱い方の違いに焦点を当てたため，各分野の手法で何ができるか，近年の深層学習で新たに何ができるようになったかを意識しながら読むと本書の内容がわかりやすいと思う．全体を俯瞰すると究極的には「仕組みを記述でき推論可能な表現力の高い深層モデルを創り出すことができれば，制御もでき，説明性・解釈性も高く，非構

造化データも考慮でき，仮説検定もでき，ネットワーク生成もでき，予測精度も高くなる」．しかしながらそんなモデルが実用化されるにはまだ時間がかかりそうである．本書はそうした過渡期において未来の技術を展望できるようにそれぞれの分野の芯となるアイデアをまとめたものである．

　第1章から第3章までで整理した技術の基礎から応用への架け橋として，本書の残りの第4章と第5章では応用例を紹介する．第4章では経済や金融データを扱い第5章では法律データを扱う．経済や法のデータはデータの性質上全て公開されているわけではない．プライバシーの問題もあれば取得の困難さからデータ自体が高値で取引されていることもある．そのため全てを公開するというわけにはいかなかったが，それだと自分でも手を動かしてみたいと思う学生にとっては不十分である．

　そこでオープンデータの情報もできる限り含めるようにしたが，もっとまとまったソースを参照したい場合は筆者が東京大学大学院で開講している数理情報学特別講義 II（Special Lecture on Mathematical Informatics II: Network Mining and its Applications）のレポジトリを参照していただければ幸いである♠1．拙いコードではあるが，関心のある読者が手を動かすきっかけになれば幸いである．また，カラーで見なければわかりづらい図に関しては筆者のホームページに元ファイルを掲示してある♠2．

　本書の執筆にあたり，多くの方々の支援を受けた．まず，このライブラリの編者であり，本の執筆を提案してくださった上に，内容についても建設的なご意見をたくさんいただいた東京大学の山西健司先生に，心から感謝の意を表する．次に，研究や研究室関連の業務をサポートしてくれた東京大学の近藤亮磨先生にも感謝する．先生達のおかげでこの本を完成させることができた．

　また，共同研究先である株式会社 TKC にも感謝する．定例の打ち合わせを通じて，法と情報学の研究を進める上で重要な気づきが多くあった．この場を借りて日頃の感謝を表したい．同様に，東京大学大学院情報理工学系研究科の大西研究室（当時）と久野研究室の学生と技術補佐員，特に吉田崇裕さん，張文寧さん，長澤達也さん，高橋秀さん，松本拓樹さん，江副陽花さん，渡辺智裕さんに感謝する．皆さんとの楽しい議論が，この本の執筆に大きな動機づけ

♠1https://github.com/hisanor013/SLMI2．データの保管場所は readme.txt にある．
♠2https://rhisano.com/

となった.

　最後に，サイエンス社の編集部，特に田島伸彦氏と足立豊氏に感謝する．皆さんの辛抱強い取り組みがあったからこそ，この本を完成させることができた．心から感謝申し上げる．

2024 年 5 月

久野 遼平，大西 立顕，渡辺 努

目　　　次

複雑ネットワーク

1

　本章では複雑ネットワークの基本的な考え方を解説する．最初にネットワークの基本モデルをいくつか紹介し，数理モデルと統計量の観点からそれらのネットワークがどのような特徴を持つか解説する．次にネットワーク描画時に便利な力学モデルとコミュニティ抽出を説明し，あわせて検出可能性の臨界点についても解説する．後半では拡散問題を出発点に中心性指標とコアペリフェリ構造について解説する．本章の最後では有向ネットワークやテンポラルネットワークを対象にした分析手法についても簡単に解説する．

1.1　ネットワークの定義と類型

　本節ではまずネットワークの基本用語について解説する．次に，ネットワークの基本モデルを用いて生成されたネットワークを統計量の観点から特徴づけ，ネットワークの基本的な考え方を概観する．

　ネットワークとは，ノード（頂点）とそれらを結びつけるエッジ（関係）の集合によって定義されるデータである．以下にその定義を示す．

定義 1.1　ノードの集合を V としエッジの集合を E とする．ネットワーク G とは互いに素な 2 つの集合の順序対 (V, E) のことである[3]．

　i から j 方向に必ずエッジがあるときに j から i 方向のエッジもありエッジの向きを区別する必要がないネットワークを**無向ネットワーク**と呼ぶ．必ずしもそうでない場合を**有向ネットワーク**と呼ぶ．また，**自己ループ**（i から i へのエッジの存在）を禁じているネットワークを**シンプルグラフ**と呼ぶ♠1．それ

♠1本書では極力ネットワークという言葉を用いるが，文献ではグラフといわれることが多いものに関してはグラフを使用する．文献によっては（数学的に構造を分析する）グラフと（背後にある分布からサンプリングされるデータとしての）ネットワークを明確に分けているものもあるが[4]，本書では同じ意味と捉えてもらって構わない．

に対し i と j の間に複数本数のエッジが存在するものを**マルチグラフ**と呼び，i と j の間に連続値の重みが付与されるものを**重み付きネットワーク**と呼ぶ．

　次数とはノードから出ているエッジの本数のことである．有向ネットワークの場合は**入次数**（入ってくるエッジの本数）と**出次数**（出ていくエッジの本数）を区別する．マルチグラフや重み付きネットワークの場合は重みの情報を無視して単にエッジ数を数えることもあれば，重みの総和を用いてエッジの重みを定義することもある．

　まず無向ネットワークに話を絞る．ネットワークは全てのノードから全てのノードにエッジをたどることでたどり着けることもあるが，図 1.1 のようにいくつかの島に分かれることもある．このときの各島を連結成分と呼び，最も大きな島を**最大連結成分**と呼ぶ．一般的にネットワーク内のノードをある一定比率以上の数含んでいる連結成分のことを**巨大連結成分**と呼ぶ．図 1.1 の第 2 連結成分に一例を記したが，全てのノード同士がつながっているものを**完全グラフ**と呼ぶ．任意のノード集合が完全グラフになっているネットワークの一部（サブネットワーク）のことを**クリーク**と呼ぶ．また図 1.1 のようにネットワークをネットワーク図として可視化する方法以外にも図 1.3 のように**隣接行列**を使用してネットワークデータを表現することもある．ノード数 N の隣接行列を A としたとき，i から j にエッジがある場合は $A_{ij} = 1$ とし，ない場合は $A_{ij} = 0$ とする．エッジに重み $W_{ij} > 0$ を付与する重み付きネットワークの場合は $A_{ij} = W_{ij}$ とする．

　ノード間の距離を測る際によく使用される量が**最短経路長**である．最短経路長とは図 1.2 のようにある 2 つのノードを与えたときに考えられる経路の中でパスの長さ（たどるエッジの本数）が最も短いもののことである．図 1.2 の例の通り，有向ネットワークの場合はエッジの向きに従う形でしか移動できないため，無向ネットワークの場合と比較して距離が長くなることがある．実際，図 1.2 において i と j の最短経路長（l_{ij}）は有向ネットワークの場合は 5 で無向ネットワークの場合は 4 になる．

　ネットワーク全体のサイズを知りたいことがある．このときにノード数，エッジ数と並んで一般的に用いられる量が**直径**である．ネットワークの直径は連結成分内の全ノードペアの最短経路長の最大値で定義される（i.e.

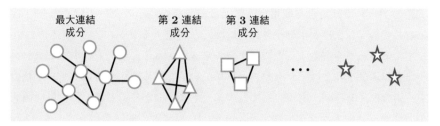

図 1.1 最大連結成分

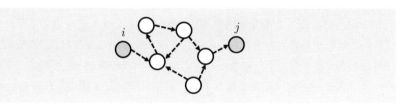

図 1.2 最短経路長

$d_G := \max_{i,j} l_{ij})$. 他にも平均最短経路長（i.e. $d_G := \frac{1}{N(N-1)} \sum_{i,j} l_{ij}$）を用いることもある.

　ネットワークを分類するときに**密なネットワーク**と**疎なネットワーク**を区別することがある. 疎なネットワークはノード数に対してエッジ数が少ない状況を指し, 具体的にはエッジ密度を用いて定義される. エッジ密度の定義は次の通りである.

定義 1.2（エッジ密度[4]）

$$\epsilon(A) = \lim_{N \to \infty} \frac{1}{N(N-1)} \sum_{1 \le i \ne j \le N} 1_{A_{ij} > 0}.$$

ここで N はノード数を表し, $1_{A_{ij}=1}$ は指示関数♠2である. ネットワークモデルが密か疎であるかはこのエッジ密度を通して次のように定義する.

定義 1.3（疎なネットワーク, 密なネットワーク[4]）　$\epsilon(A) = 0$ であれば疎なネットワークと呼び, $\epsilon(A) > 0$ の場合を密なネットワークと呼ぶ.

♠2添字の条件が満たされるときに 1 となり, それ以外は 0 となる関数のこと.

実際のデータでは極限を観察することはできない．そのため十分に大きい N に対してエッジ密度が十分小さければ疎だと判定する．

　ネットワークを議論する際にスケールを区別することがある．ネットワークの**ミクロスケール**とはノードやエッジ単位の話である．ミクロスケールで議論する場合は，あるノードから見て他のノードとつながることにどれくらい価値があるか，どのエッジを切断するか，など意思決定の問題を扱うことが多い．このスケールをモデル化することでネットワークが内生的にどのように生成されるかなどネットワークの生成過程を個人の意思決定の問題と関連付けて議論できるようになる．こうした内生的ネットワークモデルについては第 2 章で構造的生成モデルを説明するときに詳しく紹介する．こうした意思決定の問題以外にもクリークやモチーフなどもミクロスケールの概念として扱うことが多い．**メソスケール**とは本書で紹介する内容ではブロック構造，Bow-Tie 構造やコアペリフェリ構造などのことを指す．このスケールで分析することによってネットワーク内に潜む異質性（企業ネットワークなら産業ごとの振舞いの違い）を考察できるようになる．**マクロスケール**とは次数分布やネットワークの直径などネットワーク全体を対象にしたものを指す．このスケールに注目することでネットワーク全体の特徴を捉えることができる．参考までに本章で紹介するアイデアがスケールで分けるとどこに分類されるかを表 1.1 に掲載した．

表 1.1　ネットワークのスケールと分析

スケール	分析
ミクロスケール	ノードの意思決定（エッジの生成・張替え），クリーク，モチーフ
メソスケール	ブロック構造（コミュニティ，階層，コアペリフェリ構造など），Bow-Tie 構造
マクロスケール	ネットワーク直径，エッジ密度，次数分布などの統計量，連結成分，ループ・ポテンシャル比率

　本章で扱うネットワークは基本的に $E \subset V \times V$ と $V \neq \emptyset$ を満たすものに限定するが，関係は必ずしも 2 つのものにだけ限定されるものではない．そうした 3 以上の複数のノードに対して関係を記したものを**ハイパーグラフ**と呼ぶ[5]．ハイパーグラフを考慮することで高次の相互作用を考慮すること

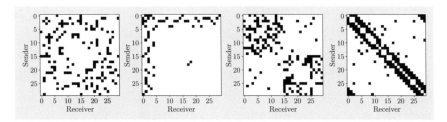

図 1.3 左からランダムグラフ，スケールフリーネットワーク，ブロック構造を含むネットワーク，スモールワールドネットワークの隣接行列．$A_{i,j} = 1$ を黒，$A_{i,j} = 0$ を白で表現している．

ができる．例えば (A, B, C, D, E) の 5 つのノードがあるときに相互作用は $I = ([A, B, C], [A, D], [C, D], [E, C])$ などのように定義されるものとする．つまり，$[A, B, C]$ に関しては 2 体（例えば電話などの通信）ではなく 3 体（ウェブ会議で 3 人で議論）の相互作用が生じているという状況である．

こうしたハイパーグラフはネットワークとして $I = ([A, B], [B, C], [C, A],$ $[A, D], [C, D], [E, C])$ とエッジリストに直すこともできる．このエッジリストを**モチーフ**や**ブロック構造**などの手法を用いて分析をすることで結果的に高次の相互作用を近似的に分析できることもあるが，本質的に高次の相互作用がある場合は明示的にそのようにモデリングした方がよい．ハイパーグラフについては本書では数か所で言及するにとどめるが，そうした枠組みもあることは覚えておきたい♠3．また，まえがきに記した通りノードやエッジが複数種類含まれているネットワーク構造を扱うこともある．これについては第 3 章で解説する．

ネットワークに話を戻す．最初の定義に従うと最小単位のネットワークは $V = \{v_1\}$ と $E = \emptyset$ というノードが 1 つあるだけのネットワークになる．ノードが 1 つぽつんとあるだけのものではなかなかネットワークの醍醐味を味わうことは難しい．ここでは典型的なネットワークをいくつか概観する．図 1.3 には左から順にランダムグラフ，スケールフリーネットワーク，ブロック構造を含むネットワーク（i.e. この場合は対角なのでコミュニティ構造と呼ぶことも

♠3 興味がある読者は Battiston[5] を参照されたい．

ある），スモールワールドネットワークを隣接行列の形式で表現したものである．各モデルに関しては詳細は後述し，ここでは概要だけ述べる．

　ランダムグラフとはその名の通りエッジの有無をランダムに独立同一分布からサンプリングしたものである．そのため特徴づけるパラメータはエッジの密度を表す確率 p だけである．ランダムグラフの 1 つである **Erdős-Rényi モデル**には秩序だったパターンが存在せずエッジの有無は完全にランダムに決まる．

　スケールフリーネットワークとは次数分布が漸近的にべき分布に従うもののことである．ここでべき分布とは

$$p(d) = Cd^{-\mu-1}$$

という確率密度関数で表現される分布のことで，d は次数，C は正規化定数を表し，μ はべき指数と呼ばれるパラメータである．べき分布を全ての d の範囲において綺麗にフィットできるのは，文書中の単語の出現頻度♠4 など一部の例を除き，多くはない（第 4 章と第 5 章では実例を用いてこの点を解説する）．そのため d がある閾値以上の範囲にのみ関心を絞りフィットすることが多い．

　ブロック構造を含むネットワークとはノードが潜在的に所属しているグループ同士の関係によってエッジの有無が定まるネットワークのことである．例えば図 1.3 に掲載した例では，2 つグループがあり同グループ内のノード同士はエッジが生じやすい状況であるのに対して，異なるグループに属するノードはエッジが生じづらいという状況を表している．このようにブロック構造が対角の場合は特に**コミュニティ構造**と呼ぶ．コミュニティ構造の一番わかりやすい例は学校における友好関係である．男子は男子とつながりやすく，女子は女子とつながりやすい傾向にある．

　スモールワールドネットワークはノード間の最短経路長の平均値（平均パス長とも呼ぶ）が短くかつ平均クラスター係数が高いネットワークのことである．ここで**平均パス長**は，2 つのノードの最短経路長を $\mathrm{dist}(v_i, v_j)$ とし，v_i と v_j がつながっていない場合は $\mathrm{dist}(v_i, v_j) = 0$ としたときに

♠4 文書における単語の出現頻度分布のべき指数は綺麗に 1 になり，Zipf 法則という特殊な名称で呼ぶことがある[6],[7]．べき指数が 1 より小さくなると平均値は発散し，1 より大きくなると平均値は有限になるという．境界線に対応しているため様々な理論化が行われている[7]．

$$l_G := \frac{1}{N(N-1)} \sum_{i=1}^{N} \sum_{j=1, j\neq i}^{N} \text{dist}(v_i, v_j)$$

と定義されるものである．**平均クラスター係数**は隣接行列を用いると

$$C_G := \frac{1}{N} \sum_{i=1}^{N} \frac{1}{d_i(d_i - 1)} \sum_{j=1}^{N} \sum_{k=1, k\neq j}^{N} A_{ij} A_{jk} A_{ki}$$

と定義される量のことである．ここで $d_i = \sum_{j=1}^{N} A_{ij}$ である．

さて，これらネットワークは統計量の観点からはどのような違いあるか．表 1.2 にそれぞれの図に対応する平均パス長と平均クラスター係数を掲載した．ランダムグラフと比較してスモールワールドネットワークはほぼ同じ平均パス長であるにも関わらず，平均クラスター係数が高いことがわかる．スケールフリーネットワークはランダムグラフやスモールワールドネットワークと比較して平均パス長は同じだが平均クラスター係数が小さい．ブロック構造を含むネットワークについてはこれらの量だと違いが見えづらい．こうしたネットワークの違いにさらに焦点を当てるために次節では各モデルの生成過程を解説する．

表 1.2 平均パス長と平均クラスター係数

モデル	平均パス長	平均クラスター係数
ランダムグラフ	2.276	0.171
スケールフリーネットワーク	2.83	0.004
コミュニティ（ブロック構造）	2.253	0.377
スモールワールド	2.28	0.42

1.2 Erdős-Rényi モデル

N 個のノード（$V = \{v_1, \ldots, v_N\}$）があるとする．このときに異なるノード間にエッジが存在する確率が一定の q で定義されるランダムグラフのモデルを **Erdős-Rényi モデル**と呼び $\text{ER}(N, q)$ と表記する[8]~[10]．隣接行列を用いると次のように定義される．

$$p(A) = \prod_{i=1}^{N} \prod_{j=1, j\neq i}^{N} q^{A_{ij}} (1-q)^{1-A_{ij}}. \tag{1.1}$$

ここで q に関してはノード数によって変化すると仮定する場合もある（i.e. $q(N)$）.

Erdős-Rényi モデルは，ネットワークの数学モデルとして初期に考案されたモデルであり，多くの数学的特性が明らかにされている．まず，Erdős-Rényi モデルのエッジ密度について考察する．エッジ密度の定義を $\mathrm{ER}(N, q)$ に適用すると，$\epsilon(A) = q(N)$ となる．ここで，$\epsilon(A) = q$ と定数で書くことも可能だが，この場合はノード数によって確率が変わると考える．エッジ密度の定義に基づき，$\lim_{N\to\infty} q(N) > 0$ の場合は密なネットワークが形成され，それ以外の場合は疎なネットワークとなる．Erdős-Rényi モデルにおいて後者の状況，すなわちエッジの存在確率が 0 になる状況では，実質的に空のネットワークが形成される．したがって，Erdős-Rényi モデルは，上述のエッジ密度の定義を用いる場合，密なネットワークか，実質的に空のネットワークしか生成しないことが理解できる[4].

次に Erdős-Rényi モデルの次数分布を確認する．$\mathrm{ER}(N, q)$ におけるエッジは独立同一分布に従い生成される．つまりあるノードから他のノードの間にエッジが生じる確率はコイントスと同様に捉えることができる（「確率 q で表が出る」～「確率 q でエッジが存在する」，「確率 $1-q$ で裏がでる」～「確率 $1-q$ でエッジが存在しない」）．独立同一分布に従うコイントスにおいてコインが表になる回数は二項分布に従う．同様にあるノードが自分以外の他のノードと何本エッジが結ばれるかも二項分布

$$p_N(d) = \binom{N-1}{d} q^d (1-q)^{N-1-d}$$

に従う．ここで $N-1$ になっているのはシンプルグラフに限定しているからである．

ここで N が小さい場合ノードの次数は強い相関を持つことになる．極端な話 $N = 2$ なら 2 つのノードの次数は必ず一致する．これでは次数分布の分析としては不十分である．そこで N を十分に大きくした場合を考察する．十分に大きい N に対して，平均次数を m とすると，エッジ確率は $q = \frac{m}{N-1}$ とな

る．これらの条件が成立するときにまず二項分布の最初の部分は

$$\binom{N-1}{d} = \frac{(N-1)!}{(N-1-d)!d!} \sim \frac{(N-1)^d}{d!}$$

と近似できる．

二項分布の後半の部分 $((1-q)^{N-1-d})$ も同様に近似できる．まず見やすくするために両辺の対数をとる．

$$\log(1-q)^{N-1-d} \sim (N-1-d)\frac{-m}{N-1} \sim -m.$$

この式の最初の近似はテイラー展開によるものである．上式の結果に対して両側指数をとると $(1-q)^{N-1-d} \sim e^{-m}$ となる．以上により元の二項分布は

$$p_N(d) \sim \frac{(N-1)^d}{d!}q^d e^{-m} = \frac{m^d}{d!}e^{-m}$$

と書き換えることができポアソン分布と同じになることがわかる（最後の等号は $q = \frac{m}{N-1}$ を代入したことによる）．Erdős-Rényi モデルについてもっと知りたい読者は Bollobas[11] を参照されたい．

1.3 スケールフリーネットワーク

1.3.1 優先的選択（PA）モデル：$\mu \in (1, \infty)$

一般的に観察されるネットワークの多くは疎かつ次数分布の裾が厚いことがよく知られている5．前述の定義の通り疎であるということは多くのノードは他のノードとの間に限られたエッジ数しか持っていないということである．しかしながらこれは必ずしもネットワーク全体がつながっていないことを意味しない．次数分布の裾が厚いということは非常に多くのノードとつながっているハブとなるノードが少なからず存在することを意味するからである．こうした特徴的なパターンによって Erdős-Rényi モデルでは観察されないような性質を現実のネットワークは有している．こうした複雑な性質を持つネットワー

♠5使いやすいオープンなネットワークデータとしては Netzschleuder network catalogue (`https://networks.skewed.de/`), Network Repository. An Interactive Scientific Network Data (`https://networkrepository.com/`), Stanford Large Network Dataset Collection (`https://snap.stanford.edu/data/`) が有名である.

アルゴリズム 1.1　優先的選択（PA）モデルの生成過程

初期状態：ノード数 n_0 個の完全グラフを作る.

while ノード数が十分に大きい N より小さい **do**

　　1つノードを追加する.

　　(i) 確率 α でランダムに既存ノードからノードを1つ選び，新しいノードから有向エッジをつなぐ.

　　(ii) 確率 $1 - \alpha$ で既存ノードの次数に比例した確率でノードを1つ選び，新しいノードから有向エッジをつなぐ.

end while

クのことを**複雑ネットワーク**と呼ぶ.

　現実のネットワークデータを分析することで Erdős-Rényi モデルの限界に気づき，21世紀に入ってからのネットワーク研究の火付け役になったのが Barabasi-Albert の**優先的選択モデル**（**Preferential Attachment Model**）（以下，PA モデル）[12] である. PA モデルはノードの次数が高いほど新たなノードとエッジが結ばれる確率が高くなるというメカニズム（これを優先的選択と呼ぶ）を内包したモデルである. 生成過程としてはアルゴリズム 1.1 のように定義される♠6.

　優先的選択原理を表現したモデルは数学的には前例がないわけではない. 例えば Simon は，Yule の研究[14] と Champernowne[15] をベースに，企業のサイズ分布の生成過程の近似として優先的選択モデルを提案した. Simon のモデルでは時点ごとにビジネスチャンスが発生し，それは確率 α で新規企業がそのビジネスチャンスを獲得し，確率 $1 - \alpha$ で既存企業がそれを獲得するものとした. 企業がビジネスチャンスを獲得した場合その大きさは1増えるとする. 既存企業がビジネスチャンスを獲得することになった際にどの既存企業がその

♠6Barabasi-Albert モデルは正確には次のようなモデルである. 初期値としてノード数 n_0 の完全グラフを作る. 次にステップごとにノードを追加していき，新規ノードから m 本のエッジを既存ノードに次数に補正を加えた $d_k + \frac{m}{\delta}$ に比例した確率で選択し，各ノードに対して新たにエッジを張るというものである. ここで m は自然数で $\delta > -m$ を満たす. Barabasi-Albert モデルはべき分布に収束する. Barabasi-Albert モデルのポイントは (i) 優先的選択原理を使っている点と，(ii) 収束する次数分布がべき分布である点のため本書では優先的選択モデルと記す. Barabasi-Albert モデルのべき指数の導出については Hofstad[13] を参照されたい.

ビジネスチャンスを獲得するかは，PA モデルと同様に，その時点での企業サイズに比例するものとした．新規企業がビジネスチャンスを獲得した場合は新たに企業を追加し，次のステップからはその企業も既存企業の 1 つとして扱う．Yule-Simon モデル[16] のステップごとの更新式は次の式で表現される．

$$p(Z_{t+1} = k) = \alpha 1_{k=K_t+1} + (1-\alpha) \sum_{j=1}^{K_t} \frac{d_{j,t}}{t} 1_{k=j}.$$

ここで，K_t はステップ t における企業数，Z_{t+1} は $t+1$ 時点のビジネスチャンス，$d_{j,t}$ は j 番目の企業が t までに獲得したビジネスチャンスの数を指す．この式からわかる通り，アルゴリズム 1.1 とほぼ同等であることが理解できる．このモデルの核となる数学的概念が Barabasi-Albert モデルと似ていることが，一部から「車輪の再発明」と批判された理由の 1 つである．しかし，それまで Erdős-Rényi モデルなどに限定されていたネットワーク分野を大きく拡張したことにおいて，その功績は否定できない．

PA モデルは指数 $\mu = \frac{1}{1-\alpha} \in (1, \infty)$ のべき分布に収束することが知られている．これは次のように示すことができる．$d_{k,t}$ をアルゴリズム 1.1 の while 文の中の t ステップ目における入次数が k のノード数とする．1 ステップごとの変化に注目する．$d_{k,t}$ が次のステップで増えるのは入次数が $k-1$ のノードが (i) ランダムに選ばれるか (ii) 優先的選択によって選ばれるかの 2 つである．また，次のステップで減るとしたら入次数 k のノードが同様に選ばれた場合である．よって

$$d_{k,t+1} - d_{k,t} = \alpha \frac{d_{k-1,t}}{t} + (1-\alpha)(k-1)\frac{d_{k-1,t}}{t} - \alpha \frac{d_{k,t}}{t} - (1-\alpha)k\frac{d_{k,t}}{t}$$

になる．$t \gg 1$ については上式は

$$\frac{d}{dt}d_{k,t} = \alpha \frac{d_{k-1,t}}{t} + (1-\alpha)(k-1)\frac{d_{k-1,t}}{t} - \alpha \frac{d_{k,t}}{t} - (1-\alpha)k\frac{d_{k,t}}{t} \quad (1.2)$$

で微分方程式として近似できる．$k = 0$ については，新規ノードを追加するたびに入次数 0 のノードを 1 つ追加することになるため

$$\frac{d}{dt}d_{0,t} = 1 - \alpha \frac{d_{0,t}}{t} \quad (1.3)$$

と書ける．ステップ t における入次数が k のノードの割合を p_k とし，

$d_k(t) = p_k t$ と書く．これを式 (1.2) に代入すると

$$(1 + \alpha + (1-\alpha)k)\, p_k = (\alpha + (1-\alpha)(k-1))\, p_{k-1}$$

になる．これは，$k \gg 1$ については

$$p_k = \left(\frac{\alpha + (1-\alpha)(k-1)}{1 + \alpha + (1-\alpha)k} \right) p_{k-1} = \left(1 - \frac{2-\alpha}{1 + \alpha + (1-\alpha)k} \right) p_{k-1}$$

$$\sim \left(1 - \frac{2-\alpha}{(1-\alpha)k} \right) p_{k-1} \sim \left(\frac{k-1}{k} \right)^{\frac{2-\alpha}{1-\alpha}} p_{k-1}$$

に変形できる．$d_0(t) = p_0 t$ と仮定して式 (1.3) に代入すると $p_0 = \frac{1}{1+\alpha}$ になる．以上によって

$$p_k = \left(\frac{\Gamma(k-1)}{\Gamma(k)} \right)^{\frac{2-\alpha}{1-\alpha}} \frac{1}{1+\alpha} \sim \left(\frac{1}{k} \right)^{\frac{2-\alpha}{1-\alpha}} = k^{-\frac{1}{1-\alpha} - 1}$$

となる．ここで $\Gamma(k) = (k-1)!$ はガンマ関数であり $\Gamma(x+1) = x\Gamma(x)$ という性質が成立する．

　PA モデルが生成するネットワークのように<u>次数分布がべき分布に従うネットワークのことを</u>**スケールフリーネットワーク**と呼ぶ．スケールフリーネットワークは次数の大きいノードであっても小さいノードであっても次に数十〜数百ステップ後に次数が 2 倍になっている確率は等しくなる．そのため典型的なサイズが存在しない．これが<u>スケール（典型的な大きさ）フリー（縛られない）</u>と呼ばれる理由である．

　PA モデルについてもう1つ特筆すべきは $\alpha \in [0, 1]$ のためべき指数が 1 より小さい値をとれないことである．べき指数より下の値のモーメントは発散するため PA モデルにおいて次数の平均値は必ず有限になる．この制約はステップごとに決まった数のノード数とエッジ数が増えることから生じている[17]．PA モデルとは異なり逆に $\mu \in (0, 1)$ の範囲のべき指数を持つネットワークを生成できるのが次項で紹介するハリウッドモデルである．

1.3.2 ハリウッドモデル：$\mu \in (0, 1)$

　PA モデルではステップごとに新しいノードとエッジを追加した．これに対してステップごとにエッジを追加することにする．ここで n 番目のエッジは (S_t, R_t)，それまでのエッジリストを $x_t := (s_1, r_1, \ldots, s_t, r_t)$ として記録す

アルゴリズム 1.2 ハリウッドモデルの生成過程

while ネットワークのエッジ数が N より小さい **do**

エッジの送り手ノードを次の確率を元にサンプリングする.

$$
p(S_t = s | x_{t-1}) \propto \begin{cases} d_s(x_{t-1}) - \alpha & s = 1, \ldots, K_{x_t} \\ \theta + \alpha K_{x_{t-1}} & s = K_{x_{t-1}} + 1 \end{cases}
$$

サンプリングされたノードの情報を追加し $x_t^* := (s_1, r_1, \ldots, s_{t-1}, r_{t-1}, s_t)$
とする.

エッジの受け手ノードを次の確率を元にサンプリングする.

$$
p(R_t = r | x_t^*) \propto \begin{cases} d_r(x_{t-1}) - \alpha & r = 1, \ldots, K_{x_t^*} \\ \theta + \alpha K_{x_t^*} & r = K_{x_t^*} + 1 \end{cases}
$$

end while

る.こうしたエッジをステップごとに追加するモデリングを好む動機として,メールの送受信ネットワークなど疎なマルチグラフとして捉えることが適切なデータの存在が挙げられる.また,この発想は第2章で解説するエッジ交換可能性の話題とも関連する.ここではべき指数に注目し**ハリウッドモデル**と呼ばれるモデルを解説する[4],[18].ハリウッドモデルの生成過程はアルゴリズム1.2の通りである.ここで K_{x_t} はネットワーク t 時点までのエッジリスト x_t に含まれるノード数,α と θ は新規ノードが出現する確率をコントロールするパラメータである.この生成過程に従い次のエッジ列「(1,2), (3,1), (2,1), (2,4)」が出てきたとする.するとネットワークの確率は

$$
p(x_4) = \frac{\theta}{\theta} \frac{\theta + \alpha}{\theta + 1} \frac{\theta + 2\alpha}{\theta + 2} \frac{1 - \alpha}{\theta + 3} \frac{1 - \alpha}{\theta + 4} \frac{2 - \alpha}{\theta + 5} \frac{2 - \alpha}{\theta + 6} \frac{\theta + 3\alpha}{\theta + 7}
$$
$$
= \alpha^4 \frac{(\theta/\alpha)(\theta/\alpha + 1)(\theta/\alpha + 2)(\theta/\alpha + 3)}{\theta(\theta + 1) \cdots (\theta + 7)} (1 - \alpha)^2 (2 - \alpha)^2
$$

となる.ここから想像がつくが,ハリウッドモデルの尤度は

$$
p(x_t) = \alpha^{K_{x_t}} \frac{(\theta/\alpha)^{\uparrow K_{x_t}}}{\theta^{\uparrow 2t}} \prod_{k=2}^{\infty} \exp\left(N_k(x_t) \log(1 - \alpha)^{\uparrow(k-1)}\right)
$$

で表現される[4].ここで $x^{\uparrow j} := x(x+1) \cdots (x+j-1)$ である.

　この過程は $0 < \alpha < 1$ のときに極限ではべき分布を生むことがわかっている[4], [17].

$$p_d \propto d^{-\alpha-1}.$$

θ の値が高くなると，新規ノードへの注目確率が増加するが，その影響は $n \to \infty$ では無視できる．また，PA モデルはべき指数が 1 より小さい分布に収束しないが，α が $0 < \alpha < 1$ の範囲にあるハリウッドモデルはべき指数が 1 より大きい分布に収束しない．両方のべき指数の範囲に収束することが可能なモデルとしては，Beta Neutral-to-the-Left モデルが存在する[17].

1.3.3　統計分布の選択

　裾が厚い統計分布は何もべき分布だけではない．例えば次数 $d > 0$ の次数分布を対数正規分布

$$p(d) = \frac{1}{d\sigma\sqrt{2\pi}} \exp\left(-\frac{(\log d - \mu)^2}{2\sigma^2}\right)$$

としてモデル化することもできる．視覚的にはべき分布と対数正規分布の違いは相補累積分布関数の上側テール部分に表れる（第 4 章，第 5 章参照）．相補累積分布関数を両側対数軸で描画したときにべき分布の場合は上側テール部分が直線になるのに対して対数正規分布では曲線になる．

　複雑ネットワークではこの上側テール部分の違いに大きくこだわる傾向にある．それは単にスケールフリーを意味するべき分布を好む傾向があることからも来ているが♠7，べき分布と対数正規分布では統計的性質が大きく異なる点も挙げられる．べき分布は μ の値より大きいモーメントが発散する分布であるのに対し，対数正規分布は 2 次モーメント（分散）までは有限であることが保証される♠8.

　これらの統計分布間の選択について最も有名な論文は Clauset[21] である♠9.

　♠7ここら辺の事情は統計物理学も関係している．興味がある読者は Shalizi[19] を参照されたい．

　♠8定量的リスク管理の際に本当はべき分布であるのに対数正規分布を用いると上側テールを過小評価することになり大きな損害が生じるイベントを過小評価することになってしまう．この点については McNeil[20] が詳しい．

　♠9Python なら powerlaw というモジュールで実装されている[22].

5.2 節の冒頭で紹介する分析では閾値を定めずに次数分布を対数正規分布で
フィットしているが，Clauset[21] や Alstott[22] のようにべき分布と完全に同
条件下で統計分布を比較するために対数正規分布の代わりに片側切断対数正規
分布を使用することもある．片側切断対数正規分布は μ の値を負の値まで低く
すると同時に σ の値を大きくすることで，ある閾値以降の値をべき分布によく
似せることができる．そのため Clauset[21] の方法では両者の判定がつかない
ことがある．

　べき分布と片側切断対数正規分布の検定問題（「帰無仮説：べき分布」と「対
立仮説：片側切断対数正規分布」）については尤度比検定が考えられる統計的
検定法の中で検出力が最も高い統計的検定法であることがわかっている（一様
最強力不偏検定）[♠10]．この性質に注目して両者を識別する手法を提案した研究
としては Malvergne[24] が有名である．

1.4　ブロック構造

1.4.1　ブロック構造の類型

　ブロック構造を含むネットワークとは，各ノードに割り当てられるグループ
同士の関係に従ってエッジの生成確率が定まるネットワークである．例とし
て，3 つのグループが存在する場合を考える．図 1.4 には，グループ間の関係
をいくつか図示している．色の濃淡は重みを表している．図 1.4 (a) では，対
角成分のみが強いことがわかる．これは，同じグループ内のノード同士はつな
がりが強く，異なるグループのノード同士はつながりが弱い状況を表している．
このようなネットワークは，例えば学校の友人関係で観察されることが多い．
同性の方が友人になりやすいことがデータ上もよく観察される．これはホモ
フィリー（homophily）やアソータティブミクシング（assortative mixing）と
呼ばれる現象である．図 1.4 (b) では逆に，異なるグループのノード同士の関
係が強くなっている．これは分業構造など，同じ種類のノード間での相互作用
が無意味なときに生じるネットワークを示している．このような性質はヘテロ
フィリー（heterophily）やディスアソータティブミクシング（disassortative

[♠10]通常，帰無仮説は採択するものではない．そのため統計的検定として検出力が高いこと
は非常に重要な保証になる[23]．

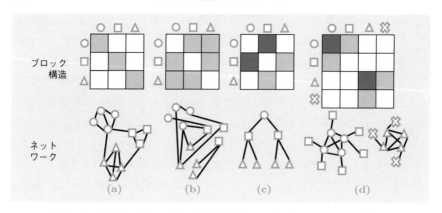

図 1.4　左からコミュニティ構造（ホモフィリー），ヘテロフィリー，
階層構造，コアペリフェリ構造

mixing）と呼ばれる．図 1.4 (c) は図 1.4 (b) に似ているが，こちらは階層構
造を表している．企業内の指揮系統や食物連鎖などを例に挙げると理解しやす
い．最後に，図 1.4 (d) は中心部分同士と中心と周辺部のつながりは強いが，周
辺部同士のつながりは弱いという状況を表している．これをコアペリフェリ構
造と呼ぶ．

　これらの潜在的ブロック構造を含むモデルとして最も有名なのが**確率的ブ
ロックモデル（Stochastic Block Model**, 以下 SBM）である[25], [26]．SBM
では，各ノードは必ず 1 つのグループに属し，ノード間にリンクが生じる確率
は所属しているグループ間に定められている重みによって定まるものとされる．
仮にノードが N 個，グループ数が K 個あるとする．エッジが生じる確率はブ
ロック間が結びつく確率を表現した行列 $W : \{1, \ldots, K\} \times \{1, \ldots, K\} \to [0, 1]$
に情報が格納されている．また，SBM においては各ノードは必ず 1 つのグ
ループに属することに注目して各ノードがどのブロックに所属するか決めるア
サインメント関数 $C : \{1, \ldots, N\} \to \{1, \ldots, K\}$ を導入する．以上を用いる
と確率的ブロックモデルの尤度は次の式によって表現される．

$$p(A|Z, W) = \prod_{i=1}^{N} \prod_{j=1, j \neq i}^{N} W_{Z_i Z_j}^{A_{ij}} (1 - W_{Z_i Z_j})^{1 - A_{ij}}.$$

この式と式 (1.1) を比較すればわかる通りノードがブロックにアサインされた

後は Erdős-Rényi モデルと同等である．SBM の推論法は第 2 章に譲るとして，ここではコミュニティ構造について解説する．

　簡潔にコミュニティ構造を SBM の枠組みで定式化するために，無向ネットワークを想定し，コミュニティ内とコミュニティ外でエッジが生じる確率は全て等しくなると仮定する．数式で書くと

$$
W_{ij} = \begin{cases} \dfrac{d_{\mathrm{in}}}{N} & \text{if} \quad i = j \\[2mm] \dfrac{d_{\mathrm{out}}}{N} & \text{if} \quad i \neq j \end{cases}
$$

になる．ここで d_{in} は同コミュニティに所属しているときの平均次数で d_{out} は異なるコミュニティに所属しているときの平均次数である．本節ではコミュニティ構造に関心があるので $d_{\mathrm{in}} > d_{\mathrm{out}}$ を仮定する．ここで $\epsilon := \frac{d_{\mathrm{out}}}{d_{\mathrm{in}}}$ を定義すると，ϵ は 0 に近ければ近いほどはっきりしたコミュニティ構造をとることになり $\epsilon = 1$ なら Erdős-Rényi モデルと同等になる（ϵ が 0 に近づくにつれ図 1.5 (a) から図 1.1 に近づいていく）．また仮にコミュニティ数を K とすると平均次数は $d = \frac{d_{\mathrm{in}} + (K-1)d_{\mathrm{out}}}{K}$ と表現できる．この簡易モデルは数理分析をする際によく使うモデルである[♠11]．本章では検出可能性に関する議論を行う際にこの定式化を用いる．次項では検出可能性について解説する前に，コミュニティ構造に関する理解を深めるため，コミュニティ構造の抽出方法と力学モデルについて説明する．

1.4.2　コミュニティ抽出とコンフィギュレーションモデル

　コミュニティ抽出の説明に必要な**コンフィギュレーションモデル**を説明する．コンフィギュレーションモデルとはネットワークが与えられたときに各ノードの次数が保存されるように再サンプリングしたネットワークのことである．作り方は簡単である．各ノードから次数分だけ半エッジ（英語では stub と呼ぶ）を作成し，その半エッジのペアを自己ループが生じないように一様にランダムに選べばよいのである（半エッジ数は偶数である必要がある）．コンフィギュレーションモデルにおけるエッジの確率の期待値は単に次数の積算によって求められる．

[♠11]Newman [27] の 4 グループテストとも呼ばれる．

$$p_{ij} = \frac{d_i d_j}{2m - 1} \sim \frac{d_i d_j}{2m}.$$

ここで m はエッジ数で，最後の近似は十分に大きい m によって成立するものである．コンフィギュレーションモデルはネットワークの帰無モデル（ランダムで生じるネットワークを再現したモデル）を作る際に使用されるモデルである[♠12].

　本題のコミュニティ抽出に戻る．ネットワーク分析ライブラリやソフトウェアに必ずといっていいほどコミュニティ構造を計算する機能がついている．コミュニティ構造に限定している場合は**モジュラリティ**[27],[30] という目的関数を最大化することで素早く計算できることが知られている．モジュラリティは次のように定義される．

$$q := \frac{1}{2m} \sum_{i=1}^{N} \sum_{j=1, j\neq i}^{N} \left(A_{ij} - \frac{d_i d_j}{2m} \right) 1_{c_i = c_j}.$$

ここで $m := \frac{1}{2} \sum_{i=1}^{N} \sum_{j=1, j\neq i}^{N} A_{ij}$, $d_i := \sum_{l=1}^{N} A_{il}$ とする．モジュラリティは各ノードの次数を反映した上で同じコミュニティに所属している場合にどれくらいつながりやすいかを表現した指標になる．モジュラリティが高ければ高いほど同コミュニティノード同士のエッジが相対的に多いことになる．

　モジュラリティの式は指示関数があることからわかる通り同じコミュニティにいるノード同士のエッジのみモジュラリティ計算に関係する．このことに注目すると上記の式は次のように書き換えられる．

$$q := \sum_{c} \left(\frac{l_c}{m} - \left(\frac{d_c}{2m} \right)^2 \right).$$

ここで l_c はコミュニティ c にあるエッジの総数，d_c はコミュニティ c に所属しているノードの次数の総和である．この式の前半部分がコミュニティ c に含まれているエッジの比率を表しているのに対して，後者の部分は次数を保存してランダムでエッジを張り替えたときにコミュニティ c にエッジが存在する確率を表している．つまりこの差分はサブネットワーク c がどれくらい非ランダムであるかを表していることになる．

　モジュラリティは階層的クラスタリングと同様にボトムアップでコミュニ

♠12 このモデルは Chung-Lu モデルと呼ぶこともある[28],[29].

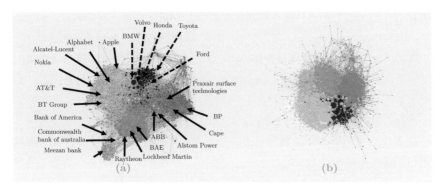

図 1.5 コミュニティ抽出の結果．(a) FroceAtlas2 で描画，(b) Fruchterman–Rheingold で描画．

ティを結合することで極大化することができる[31]．やり方としてはまずノード数だけコミュニティ数を作り，自分が求めるコミュニティ数になるまで最もモジュラリティが上がる順に 2 つのコミュニティを結合すればよい．愚直にこの方法で推定すると計算量が高くなり，全体最適解にならないことがある．そのため Clauset[31] や Blondel[32] など様々な工夫が行われている♠13．基本的なアイデアは上記の通りであるが，正確な手順に興味がある方はそちらも参照するとよい．

実例を 1 つ見てみる．図 1.5 (a) に S&P 社の CapitalIQ に収録されている企業のうち上場企業 2,000 社に絞ったネットワーク図を掲載した[33]．ここでは Blondel[32] の方法を用いた．色分けはモジュラリティ最大化によって見つけたコミュニティに対応している．いくつか実際の企業名を書き込んでおいたが，業種で綺麗に分かれていることがわかると思う．それでは図 1.5 の各ノードの位置はどのように定めたか．ここで使用した手法が次項で紹介する力学モデルである．

1.4.3 力学モデルとネットワーク可視化

ネットワークを描画するときに直観的には，エッジでつながっているもの同士はお互い引きつけあい（引力），そうでないものはお互い反発しあう（斥

♠13Python の networkx にあるモジュラリティ最大化のアルゴリズムが Clauset[31] で Gephi の中にあるモジュラリティ最大化のアルゴリズムが Blondel[32] である．

力）ようにすることで視認性が向上することが期待できそうである．例えば
Eades [34] のばねモデルは，斥力を $F_r = \frac{k}{d^2}$，引力を $F_a = kd$（ここで d はノー
ド間の距離とし，k は描画の全体のサイズを調節するスケール定数）と定義し
ている．Fruchterman と Rheingold [35] は斥力を $F_r = \frac{k^2}{d}$，引力を $F_a = \frac{d^2}{k}$
とすることを提案した．

これらの古典的研究をベースにして Noack は力学モデルはモジュラリティ
を極大化していることと同等であることを示し[36]，さらにネットワーク描
画の成否は距離と引力・斥力を結ぶ関数形によるところが大きいことに注目
した[37], [38]．この Noack の洞察を元にして，Jacomy の ForceAtlas2 [39] は引
力を

$$F_a(v_1, v_2) = \log(1 + d(v_1, v_2))$$

に，斥力を

$$F_r(v_1, v_2) = k_r \frac{(\text{degree}(v_1) + 1)(\text{degree}(v_2) + 1)}{d(v_1, v_2)}$$

にし，最大連結成分とつながっていない小さなサブネットワークが遠くに飛ば
ないようにするために重力を

$$F_g(v) = k_g(\text{degree}(v) + 1)$$

と定義した．図 1.5 (a) は ForceAtlas2 で描画したものである♠14．参考までに
図 1.5 (b) に Fruchterman と Rheingold の手法で同じものを描画したものを
掲載した．Fruchterman と Rheingold の方法と比べて引力の関数形が対数の
ためコミュニティ構造が離れていて視認性が向上していることがわかると思う．

1.4.4 学習不足（解像度限界）

モジュラリティによるコミュニティ抽出はよく使われるが，**解像度限界**と
いう問題があることも知られている[40]．解像度限界は過学習の逆の状況に

♠14Gephi というソフトウェアにある ForceAtlas2 という力学モデルの lin-log モードを
オンにしたものである．このモードをオフにした場合，引力は $F_a(n_1, n_2) = d(n_1, n_2)$
になる．描画ソフトウェアは他に Graphia がある．Python モジュールなら networkx,
graph-tool が便利である．

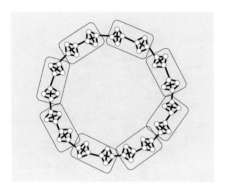

図 1.6 クリークの環

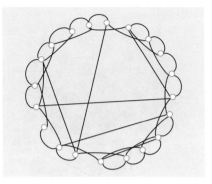

図 1.7 スモールワールド

対応する学習不足が生じている状況である．解像度限界の例として図 1.6 に Fortunato[40] が示したクリークの環の例を見ていく．これをモジュラリティ最大化でコミュニティを探すとコミュニティ数は 8 と評価される（モジュラリティは 0.804）．しかしながら人間の目で見れば 16 とするのが正しそうである（モジュラリティは 0.795）．これが生じる理由はモジュラリティの式をよく見るとわかる．コミュニティ内のエッジの次数が総エッジ数に比べて低いと，そのコミュニティと他をつなぐコミュニティのエッジ数が 1 本しかなかったとしても，そのエッジを非ランダムと誤認してしまう．この問題はコミュニティ内のエッジが総エッジ数と比較して高ければ生じない．実際，図 1.6 もクリークのノード数を 5 にして 16 個のコミュニティとした方がモジュラリティが高くなる．このように総エッジ数に対してあまりに小さいコミュニティ（$k_c = O(\sqrt{m})$）を抽出することができないことを解像度限界と呼ぶ．

　解像度限界の問題は古くから知られているためモジュラリティ以外にも，コミュニティ外の次数とコミュニティ内に所属するノードの次数の総和であるコンダクタンス（conductance, $\mathrm{Cond}_c = \frac{k_c^{ext}}{k_c}$）[41]や総エッジ数に対するコミュニティ内のエッジの総数の割合（internal density）[42]など様々な代替の評価値が提案されている．関心のある読者は Creusefond[43] を参照されたい．

1.4.5 検出可能性の臨界点
モジュラリティ最大化には，解像度限界の問題に加えてノイズを考慮していないという問題点が存在する．このためランダムグラフであっても，強引にコ

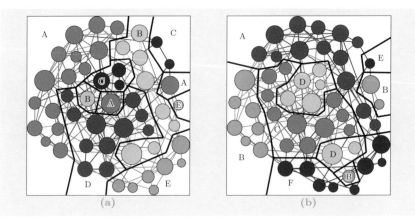

図 1.8　太線で示した境界線はコミュニティを見やすくするために
　　　　筆者が足したもの. (a) モジュラリティ 0.31, (b) モジュラ
　　　　リティ 0.326.

ミュニティを抽出することがある. これはノイズを学習してしまうことで過学
習に陥っているともいえる. 実例として, 図 1.8 にノード数 50, エッジ数 320
のランダムグラフに対して, 異なる初期値でモジュラリティ最大化を行ったコ
ミュニティ構造を示す. 2 つの図は初期値のみが異なるコミュニティ抽出結果
である. 比較すると, 同じコミュニティ数で似たモジュラリティ値を持つにも
関わらず, 抽出結果は大きく異なることがわかる.

　関連する問題としてネットワークサイズが大きかったとしても真の構造に対
してノイズが大きくなりすぎると正しいコミュニティ構造を抽出することが難
しくなる. 真の構造がノイズに圧倒されず潜在構造を推定できる可能性を**検出
可能性**と呼ぶ.

　ここで 1.5.1 項で紹介した簡易版コミュニティモデルに戻る. 前述の通り ϵ
が 1 に近づけば近づくほどランダムグラフに近づきノイズが増える. つまり ϵ
が高くなればなるほど正しいコミュニティ構造は検出不可能となる. 紙面の都
合上結果だけを掲載するが, コミュニティ数を K とした場合において

$$\epsilon^* = \frac{\sqrt{d}-1}{\sqrt{d}-1+K}$$

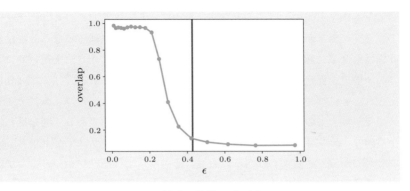

図 1.9 検出可能性の臨界点

を検出可能性の臨界点と呼ぶ[44]. つまり d_{in} と d_{out} の値によって ϵ^* よりも ϵ が小さければコミュニティは検出できるが, この値よりも ϵ が大きいとノイズが圧倒してしまい検出不可能となる.

この予測がどれくらい当たっているか確認する. ここではノード数 $N = 128$, コミュニティ数 $K = 4$ とし, 各コミュニティに 32 ずつノードが所属しているとする. 前述の通り同コミュニティ同士なら $p_{\mathrm{in}} := \frac{d_{\mathrm{in}}}{N}$ でエッジが結ばれるものとし, 異なるコミュニティ間は $p_{\mathrm{out}} := \frac{d_{\mathrm{out}}}{N}$ でエッジが結ばれるものとする. このときの平均次数は $d = \frac{d_{\mathrm{in}}+(K-1)d_{\mathrm{out}}}{K}$ と表すことができ, ここでは平均次数は $d = 16$ とする. このときに繰り返しになるが $\epsilon = \frac{d_{\mathrm{out}}}{d_{\mathrm{in}}}$ はコミュニティ内とコミュニティ外の結びつきのうちどちらが強いかを表すパラメータである.

次に生成した人工データに関しては真のコミュニティがわかるので推論した結果 $((\{c_i\}))$ と真の結果 $((\{t_i\}))$ のオーバーラップ

$$L(\{t_i\}, \{c_i\}) = \max_\pi \frac{\frac{1}{N}\sum_{i=1}^{N} 1_{t_i = \pi(c_i)} - \max_a n_a}{1 - \max_a n_a}$$

を定義する. ここで π はコミュニティ番号の並び替えであり, コミュニティ番号自体には意味がないため推定された番号が真のコミュニティ番号のどれに対応するかを定めるものである. n_a は最大ブロックのノード数の割合を表しており n_a の最大値で引いているのは最大コミュニティに全てのノードを割り当

てて正答率を不当に上げることを防ぐためである. 推論したコミュニティが真のコミュニティが完全に一致した場合はオーバーラップは 1 になる. 推論法の詳細は第 2 章に譲るが, ここではマルコフ連鎖モンテカルロ法を用いてコミュニティ構造を推定する (コミュニティ数は既知のものとする)♠15. 図 1.9 は与えられた ϵ に対して 400 回ネットワークを生成して推論したコミュニティと真のコミュニティの間で計算したオーバーラップの平均値である. 図を見ればわかる通り $\frac{\sqrt{16}-1}{\sqrt{16}-1+4} = 0.429$ あたりから急激にオーバーラップが上がっていることがわかる. このようにある点を境に急激に検出可能性が変わることが臨界点と呼ばれる所以である.

1.5 スモールワールドネットワークとモチーフ

1.5.1 スモールワールドネットワーク

21 世紀に入ってからのネットワーク科学の台頭期にスケールフリーネットワークとは別に大きく注目されたのが**スモールワールドネットワーク**である. スモールワールドネットワークのルーツは 1960 年代の社会学者 Milgram の実験までさかのぼることができる. Milgram は実験を通じて, ある個人から始めてソーシャルネットワークを 6 ステップたどるとほぼ全ての人にたどり着くことができることを示した[45]. この研究は社会学の分野で細々と注目を集めた研究であったが, 1990 年代の後半に入り Watts と Strogatz がそうしたスモールワールドネットワークの普遍性に気づき再発見したことによって一躍有名になった[46].

前述の通りスモールワールドネットワークはノード間の最短経路長の平均値 (平均パス長と呼ぶ) が短くかつ平均クラスター係数が高いという特徴を持つ. つまり, スモールワールドネットワークでは局所的に密なつながりを形成するクリークやらコミュニティが多く, 一見するとノード間の最短経路長が長いように思えるが, クリークやコミュニティ同士をつなぐエッジの存在によって

♠15Zhang[44] のモデルの生成過程は第 2 章で紹介する確率的ブロックモデル (SBM) であるのに対して推論する際はモジュラリティを用いて確率モデルを構成するため, 生成過程と推論が一致せず, 少々わかりづらい. そのため推論法については本書では代替手法を採用している. 生成過程と推論が完全に一致している確率的ネットワークモデルやブロック数などのモデル選択については第 2 章で詳しく説明する.

アルゴリズム 1.3 Watts-Strogatz モデル

初期状態：N 個のノードを用意し円環状に配置する．隣接するノード間に m 本の無向エッジを結ぶ．

for 全てのノードに対して **do**

> 時計回りの方向に位置するエッジに対して確率 p でエッジをランダムに張り替え，確率 $1-p$ でそのままにする．このときに自己ループやノード間で複数本のエッジが生じることはないようにする．

end for

ノード同士の平均的距離が短くなるという特徴を持つ♠16．

　スモールワールドネットワークの生成モデルである Watts-Strogatz モデル（WS モデル）を簡単に紹介する．生成法はアルゴリズム 1.3 の通りである[48]．アルゴリズム 1.3 からわかる通り WS モデルの初期状態は円環状にエッジが張られている状態であり，正反対にいるノードとのパス長が最大になる．WS モデルの最終状態ではランダムに張り替えたエッジにより平均パス長は短くなる．各エッジが平均パス長を小さくすることにどれだけ貢献しているか傾向を捉えるためにエッジのレンジを定義する．WS モデルでは確率 p によってランダムに張り直されたエッジはレンジが高くなる傾向がある．

定義 1.4　あるエッジ $l_a = (v_i, v_j)$ の**レンジ**とはそのエッジを除去したときの v_i と v_j の最短経路長のことである[48]．

　仮に情報がネットワークの中で 1 ステップごとに 1 エッジにだけ波及するとする．レンジの高いエッジが一切ない場合，あるノードを起点として全員に情報がいきわたるには円環を左右に拡がっていくことになる．それに対してレンジが高いエッジがある場合はショートカットが生じて情報が全体にいきわたる時間は短くなる．社会学ではソーシャルネットワークを分析する際にこのレンジの高いエッジに注目し，**弱い紐帯**と特別な名称で呼ぶことがある．これは転職機会の話など新規性の高い有益な情報は弱い紐帯（弱いつながり）から来ることが多いという洞察から特別な呼び方が定着している[49]．

♠16 ネットワークのノード数の増加に対して平均最短経路長が十分に遅く増加するネットワークと定義することもある[47]．

WS モデルの次数分布は

$$p(d) = \sum_{n=0}^{\min\{d-m,m\}} \binom{m}{n}(1-p)^n p^{m-n} \frac{(mp)^{d-m-n}}{(d-m-n)!} e^{-mp}, \quad d \geq m$$

で表現される[50]. つまり本質的にはランダムグラフと同じくポアソン分布に近い次数分布をとる. しかし, p によって平均クラスター係数が

$$C(p) \sim \frac{3(m-1)}{2(2m-1)}(1-p)^3$$

と Erdős-Rényi モデルとは異なる. p の値を $\frac{1}{N} \ll p \ll 1$ に定めることでスモールワールドネットワークの特徴である直径が小さく高い平均クラスター係数を示すネットワークを構成することができる. スモールワールドネットワークが歴史的に重要な理由はランダムグラフを少しだけ拡張するだけでも高い平均クラスター係数を達成することができる枠組みを提示したことにある. 弱点は次数分布がポアソン分布に限定され複雑ネットワークのモデルとしては馴染まないことである. そのため WS モデルを他の次数分布が再現できるように拡張する研究もある[51].

1.5.2　モ チ ー フ

前節で見たクリークも一種であるが, 三角形や短いループやクリークなどの小さなサブネットワークを単位にした分析法もある. 例えば国際関係では敵の敵は味方になりやすいなど 3 国間の関係として捉えた方がよいことがある. こうした小さなサブネットワークを分析する際に使うのが**モチーフ**である[52]. モチーフ分析は有向ネットワークを対象にすることが多い[53]. 図 1.10 に 3 体

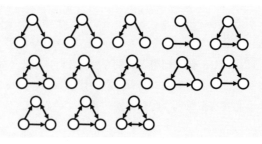

図 1.10　有向ネットワークにおけるモチーフ一覧

間において生じる可能性があるモチーフを全て列挙した．各モチーフの出現回数を数えることでどのようなパターンが多いか分析する[♠17]．モチーフの出現回数は第 2 章で見る指数ランダムグラフモデルと関連するので覚えておきたい．また，モチーフ分析はハイパーグラフが想定するような 3 体以上のノードの相互作用をモデル化しようとした初期の試みと見ることもできる．

 ## 1.6 ネットワーク上の拡散とランダムウォーク

1.6.1 グラフラプラシアン

1 次元における拡散問題（物質移動過程）を考える．$u(x, t)$ を時刻 t における位置 x における何らかの化学物質の濃度あるいは温度とする．このときの拡散方程式（熱伝導方程式）は

$$\frac{\partial u}{\partial t} = K \frac{\partial^2 u}{\partial x^2}$$

と表せる．ここで K は拡散係数とする．拡散方程式は適切な初期値 $(u(x, 0) = u_0)$ と境界条件を定めることで解くことができる．この問題は高次元にも拡張することができる．3 次元の場合は

$$\frac{\partial u}{\partial t} = K \left(\frac{\partial^2 u}{\partial x^2} + \frac{\partial^2 u}{\partial y^2} + \frac{\partial^2 u}{\partial z^2} \right)$$

と表現される．このときの右辺は $\nabla^2 u := \frac{\partial^2 u}{\partial x^2} + \frac{\partial^2 u}{\partial y^2} + \frac{\partial^2 u}{\partial z^2}$ と表記することが多い．この ∇^2 はラプラシアン（ラプラス作用素）と呼ばれる．

　同様の拡散問題を無向ネットワークで考える．隣接行列は A で表されるものとし，時点 t における各ノードの値は（濃度でも温度でも何でもよい）$u_i(t)$ で表現されるものとする（$i = 1, \ldots, N$）．ベクトルとして表記するときは $\boldsymbol{u}(t) \in R^N$ とする．このときの拡散方程式は

[♠17]ソフトウェアとしては mfinder (`https://www.weizmann.ac.il/mcb/UriAlon/download/network-motif-software`)[52] やそれを Python に移植した pymfinder (`https://github.com/stoufferlab/pymfinder`)[54] が有名である．

$$\frac{du_i}{dt} = K\sum_{j=1}^{N} A_{ij}(u_j - u_i) = K\left(\sum_{j=1}^{N} A_{ij}u_j - u_i\sum_{j=1}^{N} A_{ij}\right)$$

$$= K\left(\sum_{j=1}^{N} A_{ij}u_j - u_i d_i\right) = K\left(\sum_{j=1}^{N} A_{ij}u_j - \sum_{j=1}^{N} 1_{i=j}u_j d_j\right)$$

と表現できる．ここで d_i はノード i の次数 $(d_i = \sum_j A_{ij})$，$1_{i=j}$ は指示関数である．2つ目の項は i と j が等しいとき以外は 0 であるため，D を対角成分に各ノードの次数を格納した行列 $(\mathrm{diag}(D) = (d_1, \ldots, d_N))$ とすると

$$\frac{d\boldsymbol{u}}{dt} = K(A - D)\boldsymbol{u}$$

と簡潔に表現し直せる．このときに出てくる

$$L := D - A$$

のことを**グラフラプラシアン**と呼ぶ．グラフラプラシアンは上記の簡単なネットワーク上の拡散についての挙動を決定づける重要な行列になる．定義的に自明であるが，グラフラプラシアン L の中身は

$$L_{ij} = \begin{cases} d_i & \text{if} \quad i = j \\ -1 & \text{if} \quad i \neq j \text{ かつエッジあり} \\ 0 & \text{if} \quad i \neq j \text{ かつエッジなし} \end{cases}$$

となり，無向ネットワークであることから対称行列になる．

　上記定義に従うグラフラプラシアンは線形の常微分方程式であるため明示的に解くことが可能である．また，L が対象行列であるためこの行列は実数値で固有値分解できる．ここではスペクトル解を導出する．グラフラプラシアンの固有ベクトルを $\boldsymbol{v}_i$, $i = 1, \ldots, N$ とし，ネットワークでの拡散方程式の解をこの固有ベクトルの混合和として書けるものとする．つまり

$$\boldsymbol{u} = \sum_{i=1}^{N} a_i(t)\boldsymbol{v}_i$$

とする．この解を上記の微分方程式に代入すると

$$\sum_{i=1}^{N} \frac{da_i}{dt} \boldsymbol{v}_i = -\sum_{i=1}^{N} Ka_i L \boldsymbol{v}_i \quad \Leftrightarrow \quad \sum_{i=1}^{N} \left(\frac{da_i}{dt} + Ka_i \lambda_i \right) \boldsymbol{v}_i = 0$$

となる．ここで λ_i は L の固有値である．この最後の項の内積をとると固有ベクトルが直行してることから各 a_i は

$$\frac{da_i}{dt} + Ka_i \lambda_i = 0, \quad i = 1, \cdots, n$$

を満たすことになる．これは単なる線形の常微分方程式であるため解は

$$a_i(t) = a_i(0) e^{-K\lambda_i t}$$

と書ける．ここで $a_i(0)$ は係数の初期値である．同等の式は他の係数にも成立するため最終解は次のようになる．

$$\boldsymbol{u}(t) = \sum_{i=1}^{N} a_i(0) e^{-K\lambda_i t} \boldsymbol{v}_i. \tag{1.4}$$

$a_i(0)$（係数の初期値）は次のように求める．各ノードの初期値は次の式によって係数の初期値とつながる．

$$\boldsymbol{u}(0) = \sum_{i=1}^{K} a_i(0) \boldsymbol{v}_i.$$

先ほどと同様に両項の内積をとることで次のように求めることができる．

$$\boldsymbol{u}(0)\boldsymbol{v}_i = a_i(0)|\boldsymbol{v}_i|^2 \quad \Leftrightarrow \quad a_i(0) = \frac{\boldsymbol{u}(0)\boldsymbol{v}_i}{|\boldsymbol{v}_i|^2}. \tag{1.5}$$

以上によってスペクトル解を導出できた．

　グラフラプラシアンは次のような基本的性質が成立する．まず，グラフラプラシアンの固有値は必ず全て正になる．これは実は式 (1.4) からも推察することができる．式 (1.4) のある固有値において $\lambda_i < 0$ が成立してしまうと

$$a_i(0) e^{-K\lambda_i t} \boldsymbol{v}_i \to \infty \quad \text{as} \quad t \to \infty$$

となり総量が不変の拡散ではありえない状況が発生することになる．他にも固有値を小さい順に並べた場合の最も小さい固有値（λ_1 とする）は必ず 0 にな

り，λ_i が 0 の固有値の数が連結成分の数に対応する．つまり λ_1 しか 0 ではないときは連結成分が 1 つになることと対応している．

　固有値を小さい方から数えたときに最初の 2 つ λ_1 と λ_2 の固有値の差が大きいときにスペクトラルギャップがあると呼ぶ．この場合の式 (1.5) は

$$\boldsymbol{u}(t) \sim \boldsymbol{v}_1 + e^{-K\lambda_2 t}\boldsymbol{v}_2$$

と近似できるようになる[55]．つまりスペクトラルギャップがあるときの緩和は指数関数数的に減少していくことになり緩和時間は $\tau = \frac{1}{\lambda_2}$ で近似できる．逆にスペクトラルギャップがない場合緩和はべき関数的に減少していく[55]．

　このようにグラフラプラシアンはネットワーク上での拡散問題に関して重要な情報がたくさん格納されている．そのため隣接行列と並びネットワークを行列形式で分析するときに重宝されている．

1.6.2　ランダムウォークと正規化ラプラシアン

　引き続き無向ネットワークを対象に考える．ネットワークにおける拡散の表現の仕方は上記以外にも**ランダムウォーク**として記述する方法がある．ランダムウォークの場合，ある粒子やユーザーがネットワーク上をランダムにエッジをたどりながら巡っていく状況を想定する．こうしたモデルは一般的に

$$u_i(t+1) = \sum_j f(j \to i)u_j(t) + \beta_i \tag{1.6}$$

と書ける．この式は中心性指標を説明する際にも利用する形であるため覚えておきたい．ここでは最も基本的な無向ネットワークにおけるランダムウォークを想定する．この場合は $\beta_i = 0$ とし $f(j \to i)$ を

$$f(j \to i) = \frac{A_{ij}}{d_j}$$

と一様にエッジは選ばれるものとする．$u_i(t)$ を時刻 t にランダムウォーカーが i にいる確率とし，初期時点ではランダムウォーカーは i_0 にいるものとすると（i.e. $u_i(0) = 1_{i=i_0}$），$u_i(t)$ は次のマスター方程式で表現できる．

$$\frac{du_i(t)}{dt} = \sum_{j=1}^{N} f(j \to i)u_j(t) - \left(\sum_{j=1}^{N} f(i \to j)\right) u_i(t).$$

ここで $\sum_{j=1}^{N} f(i \to j) = 1$ であることに注目し，**正規化ラプラシアン** L^{norm} を次のように定義する．

$$L_{ij}^{\mathrm{norm}} := 1_{i=j} - \frac{A_{ij}}{d_j}.$$

正規化ラプラシアンを用いるとマスター方程式は

$$\frac{du}{dt} = -L^{\mathrm{norm}}u(t) \qquad (1.7)$$

と書き直せる．解は次の通りである．

$$u(t) = e^{-L^{\mathrm{norm}}t}u(0).$$

このランダムウォークの定常状態は式 (1.7) が 0 になるときとして求められる．定常状態においてノード i にランダムウォーカーがいる確率を μ_i とする．あるノード i に注目すると式 (1.7) は

$$0 = \sum_{j=1}^{N} L_{ij}^{\mathrm{norm}}\mu_j = \mu_i - \sum_{j=1}^{N} \mu_j f(j \to i)$$

と書け，$\sum_{i=1}^{N} \mu_i = 1$ であることを踏まえると次の通りになる．

$$\mu_i = \frac{d_i}{E\,[d]\,N}.$$

ここで E は期待値を表す．つまり，定常状態においてはランダムウォーカーがあるノードにいる確率は初期値やネットワークの構造に関係なく次数に比例する．正規化ラプラシアンのスペクトルがグラフラプラシアンと一致するのはノードの次数が一定の場合である．また，グラフラプラシアン同様に正規化ラプラシアンの固有値も半正定値となる．

　有向ネットワークにおける同様の議論はグラフラプラシアンの構成が難しくなるが，最近の研究で有向ネットワークの理論分析が進展している[56]．同様にハイパーグラフ上におけるグラフラプラシアンの理論も徐々に増えてきている[5]．さらに，例えばバスの路線図と電車の路線図のように複数の移動手段をネットワークで表現したマルチプレックスネットワークに関しても，同様の概念を定義した研究が存在する[55]．

1.7 中心性指標

1.7.1 PageRank

中心性指標とはネットワークの中で中心的な役割を果しているノードを抽出するための指標である．中心性指標を定義することで素早く重要なノードを探すことができる．次数など初等的な統計量を用いることもできるが，指標によって抽出されるノードは異なってくる．本節では有名な中心性指標をいくつか紹介する．

　中心性指標として最も有名なのが Google の創業者が開発したと言われる **PageRank** である[57]．ウェブ上のリンク構造の情報を用いることでどのウェブサイトが良質なサイトか検索しやすくするための指標を得ようとした．PageRank は式 (1.6) において $f(j \rightarrow i) = \frac{A_{ij}}{d_j^{\text{out}}}$，$\beta_i = \beta > 0$ とおくことによって作ることが可能である．つまり

$$u_i(t+1) = \alpha \sum_{j=1}^{N} A_{ij} \frac{u_j(t)}{d_j^{\text{out}}} + \beta$$

によって定められるもので $\alpha = 0.85$ とすることが多い．対角成分を出次数とした D' を定義することで次のように行列表現で書くことができる．ここで $\mathbf{1}$ は要素が全て 1 のベクトルである．

$$u(t+1) = \alpha AD'^{-1}u(t) + \beta\mathbf{1}.$$

この表現を用いると定常状態（$u(t+1) = u(t) = u^*$）では次の通りになる．

$$u^* = \beta(I - \alpha AD'^{-1})^{-1}\mathbf{1}.$$

　式 (1.6) を変形して求められる中心性は他にもある．例えばネットワークを巡るランダムウォーカーの数を一定にしないようにするために式 (1.6) において $f(j \rightarrow i) = A_{ij}$，$\beta_i = 0$ としたものは**固有ベクトル中心性**と呼ばれる．**Katz prestige** では上流のノード（後述する Bow-Tie 構造における IN の部分）に対しても非 0 の中心性を与えるためには PageRank 同様に非 0 の β を定める必要がある．具体的には式 (1.6) において $f(j \rightarrow i) = A_{ij}$，$\beta_i = \beta$ とする．PageRank の亜種なので詳細は省くが関心のある読者の方は Thurner[58]

を参照されたい.

1.7.2 近接中心性と媒介中心性とハブオーソリティ

その他有名な中心性指標をまとめる. **近接中心性**はあるノードを出発点とし
て他のノードとの平均距離を表したものである. 第 1 章の冒頭で紹介したノー
ド i と j の最短経路長を l_{ij} としたときに $g_{ij} = \frac{1}{\sum_{j \neq i} l_{ij}}$ で定義される. 定義
からわかる通り近接中心性はネットワークの中で「真中」にあるノードが高く
なる.

媒介中心性はそのノードがいなくなってしまったらネットワークにおいて流
れが遅くなるという意味で中心にいるノードを抽出するときに用いる指標であ
る. 媒介中心性は次のように定義される. まず, $\sigma_{i,j}$ を i と j の間を通る最短
経路の数とし, $\sigma_{i,j}(k)$ を i と j の間を通る最短経路のうち k を通るものの数
とする. この際に媒介中心性は

$$\mathrm{BC}(i) = \sum_{s \neq t \neq i} \frac{\sigma_{s,t}(i)}{\sigma_{st}}$$

で定義される. 媒介中心性の時間計算量は非常に多くナイーブにやると
$\mathcal{O}(N^2 E)$ になる. そのため Brandes[59]（重みなしで $\mathcal{O}(NE)$, 重み付きで
$\mathcal{O}(NE + N^2 \log(N))$）など様々な改善法が考案されている. ただし, これで
も非常に計算がかかる（ノード数 10^6, エッジ数 10^7 なら 10^{13}). そのため近
似計算の手法も多く提案されている[60]~[62]♠18. 注意が必要な点は媒介中心性
は異なるコミュニティをつなぐブリッジとなるノードも媒介中心性が高くなる
傾向がある点である. 無論そうしたノードも重要であるが（友人ネットワーク
の例ならば大学内の友人は少ないが他大学とつながっている人など）, コミュ
ニティ内で中心的位置を占めているノードとは意味合いが異なるため注意する
必要がある.

ハブオーソリティとは高い中心性を持つノードに矢印が向いているノードを
見つけるための指標である[63]. 基本的にこれまで紹介した中心性指標は中心
性が高いものからエッジが向いていれば中心性が高いことになる（よって拡散
と強く関連する）. それに対して例えば学術論文や判決ネットワークなどの引

♠18大規模ネットワークでの実装としては Python の NetworKit というライブラリが挙げ
られる.

用ネットワークにおいては，それ自体は引用件数が少ないものの重要な論文を
まとめたサーベイ論文や過去判決の論点をまとめた判決文に注目して分析した
いときがある．これらを見つけようとする際に用いるのがハブオーソリティ分
析である．ハブオーソリティの発想を定式化したのが HITS アルゴリズムであ
る．HITS アルゴリズムにおいてオーソリティ中心性 x_i とハブ中心性 y_i を

$$x_i = \alpha \sum_j A_{ij} y_j, \quad y_i = \beta \sum_j A_{ji} x_j$$

と定義する．これは行列式で書き直すと

$$\boldsymbol{x} = \alpha A \boldsymbol{y}, \quad y = \beta A^T \boldsymbol{x}$$
$$\Leftrightarrow AA^T \boldsymbol{x} = \lambda \boldsymbol{x}, A^T A \boldsymbol{y} = \lambda \boldsymbol{y}$$

になる．ここで $\lambda = \frac{1}{\alpha\beta}$ である．解く上で 2 つの固有値問題を解く必要はな
い．片方を解いた値をもう片方に代入すれば中心性を計算することができる．

1.7.3 ハーモニック距離（平均到達時間）

　経済ネットワークにおいても拡散の問題は重要である．例えばインターバ
ンク市場（銀行間の短期の貸し借り関係）では，重要なプレーヤーが複数（デ
フォルト）になると全参加者が連鎖的に債務不履行になる可能性がある．こう
した全体が破綻するイベントが生じるリスクを**システミックリスク**と呼ぶ[64]．
その他にもマクロ経済学では GDP や鉱工業生産指数などの景気を表すマクロ
変数の変動を総量の変動と呼び注目することがある．その総量の変動の起源を
企業ネットワーク（仕入販売関係）による企業の個別の生産性ショックの増幅
によって説明する研究もある[65], [66]．

　どちらの例にも顕著であるがこの場合のネットワークは，債権側から債務側
へ，仕入側から販売側へお金が向きを持って流れていくため有向ネットワーク
になる．また，経済においてノードは個人，企業，産業，国など意思決定する
主体である．それら主体が意思決定をした結果，ゲート構造などの非線形性が
生じ上記の物理モデルのように単にエッジに影響が流れていくモデルよりは複
雑な状況を記述する必要性がある．こうした背景から経済特有のモデルが数多
く提案されている．

　ここでは経済固有の状況を明示的に想定した中心性の例としてと Acemoglu

のハーモニック距離[67] を紹介する．これは金融市場におけるシステミックリスクの評価法として提案されたものである．

金融市場における貸借は $t = 0$ 時点における貸借契約によって定義づけられるものとする．k_{ij} を銀行 i が銀行 j から借りた総額だとする．利子率を R_{ij} とすると銀行 i が返済しなければいけない額は $A_{ij} = R_{ij}k_{ij}$ になる．これとは別に銀行 i は $t = 1$ 時点において給与など支払わなければいけない金額 v があるとする．つまり，i が $t = 1$ 時点において支出する金額の総額は次の通りになる．

$$A_i + v = \sum_{j \neq i} A_{ji}.$$

全ての債務は $t = 1$ 時点に返済しなければならないとし不足が生じた場合は給与と優先順位が高い債務先に対する支払いを優先し，それ以外に関してはあまった分を債務比率に応じて分配する．

簡略化のため以降の議論は $\sum_{j \neq i} A_{ij} = y$, $\forall i$ とする．つまり全ての銀行は同じ量の債権があるとし，便宜的に $y = 1$ とする．さらに債務債権関係は

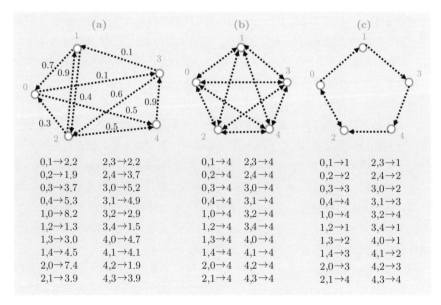

図 1.11　債務関係とハーモニック距離一覧

図 1.11 (a) に記したような重み付き有向ネットワークであるとする．この場合，m_{ij} をランダムウォークをしたときに i から j にたどり着くまでの平均到達時間（ステップ数）とする．図 1.11 の状況であればノード 0 からノード 1 なら 2.2，ノード 1 からノード 0 なら 8.2，ノードから 0 から 2 なら 1.9 となる．この平均ステップ数は直接的な貸借関係のみならず間接的なものの影響（迂回経路）も含んでいることがポイントである．

Acemoglu[67] がハーモニック距離と呼んでいるのはこの平均到達時間のことである．ハーモニック距離（平均到達時間）には

$$m_{ij} = 1 + \sum_{k \neq j} \left(\frac{A_{ik}}{y} \right) m_{kj},$$

$$m_{ii} = 0, \quad \forall i$$

という関係式が成立する．また，ハーモニック距離という名前がついているものの Acemoglu[67] が指摘している通り対称性が成立しない（上記の例の通り $m_{ij} \neq m_{ji}$）．そのため正しくは距離ではないが，便宜上，距離と呼ぶ．

ハーモニック距離は相手先がデフォルトしたときに自分がデフォルトする可能性を示した指標である．Acemoglu[67] は上記のモデルを用い銀行 j がデフォルトしたときに $m_{ij} < m^*$ を満たす全ての銀行 i がデフォルトするような m^* が存在することを示した．つまり全体が倒れてしまうような状況（システミックリスク）がありうることを示したのである．

ハーモニック距離はネットワークの形状によって様子が大分異なる．例えば図の (b) の下に書いてある数字は完全グラフ（重みは全て 0.25）におけるハーモニック距離一覧であるが，(a) と比べてばらつきがなく最大値が高い．それに対して円環ネットワークである (c) におけるハーモニック距離は最小値が 1 になり最大値が 4 になる．つまり仮に $m^* = 5$ で銀行 0 が倒れた場合 (a) の場合はいくつかの銀行がデフォルトせず残ることになるが，(b)(c) の場合は全ての銀行がデフォルトすることになる．また，$m^* = 2$ で (b) の状況であれば 0 銀行以外は全て債務不履行に陥ることはない．

ハーモニック距離からキープレイヤーを抽出することもできる．上記考察によれば他の銀行との距離が近いものが重要な銀行ということである．実際図 1.11 (a) において各銀行の他行との平均距離を出すと（銀行 i なら $E_k[m_{ki}]$），

(0,6.4)，(1,3.8)，(2,2.0)，(3,3.2)，(4,3.7) になり銀行 2 が最も重要な銀行となる．システミックリスクを避けるためにはこうした重要ノードを優先的に支援する必要がある．

1.8 **コアペリフェリ構造**

コアペリフェリ構造とはメソスケールに現れるネットワークの特徴のことである．図 1.4 (d) で見た通り密につながっているコアとコア部分とのみつながるペリフェリによって特徴づけられる（ペリフェリ同士のつながりは薄い）．前述のブロック構造の一例としても捉えられるが，銀行間のインターバンク市場[68], [69] や航空ラインのネットワーク[70] などで観察され，独特の構造が生み出す伝播メカニズムからシステミックリスクにつながりやすいことがわかっている．経済学でシステミックリスクの研究をしたものとしては Elliot [64] が有名である．本節ではコアペリフェリ構造の検知法を解説するが，関心のある読者はそちらも参照されたい．

コアペリフェリ構造の検出法として高名な論文は Borgatti [71] であるが，ここでは複数のコアペリフェリ構造がある状況に拡張している Kojaku [72] を解説する．まずいくつか記法を導入する．ノード x_i がコアに所属する場合を 1,所属しない場合を 0 とする．ここでは C 個のコアペリフェリ構造があるとし i が所属するコアペリフェリペアを c_i とする．この場合の隣接行列は次のように書ける．

$$B_{ij}(c,x) = \begin{cases} 1_{c_i = c_j} & \text{if } (x_i = 1 \text{ or } x_j = 1) \text{ and } i \neq j \\ 0 & \text{else.} \end{cases}$$

ここで 1 は指示関数である．c の種類が 1 つしかない場合は Borgatti [71] のモデルに対応する．検出法の基本的アイデアは実際観測されている隣接行列 A_{ij} に極力近づけるように c_i と x_i を定めることである．Kojaku [72] では次の評価関数（quality function）を提案している．

$$Q^{cp}(c,x) := \sum_{i=1}^{N}\sum_{j=1}^{i-1} A_{ij}B_{ij}(c,x) - \sum_{i=1}^{N}\sum_{j=1}^{i-1} \rho(A)B_{ij}(c,x)$$

$$= \sum_{i=1}^{N}\sum_{j=1}^{i-1} (A_{ij} - \rho(A))(x_i + x_j - x_i x_j)1_{c_i=c_j}.$$

ここで $\rho(A)$ は隣接行列のエッジ密度を指す. $A_{ij}B_{ij}(c,x)$ はコアペリフェリに分けた後のネットワークと実際のネットワークの間で, 両方にエッジが存在する場合に 1 となる値である. これに対し, $\rho(A)B_{ij}(c,x)$ は, Erdős-Rényi モデルとコアペリフェリに分けた後のネットワークの両方にエッジが存在する確率を表す. モジュラリティ最大化の場合と同様に, ランダムにエッジが張られたとしても, コアペリフェリ構造を示していると誤認されることがある. この値は, 偶然による影響を除いた後の数値化されたものと見ることができる.

極大化はラベルスイッチング法に基づいて行う[72]. 初期状態では全てのノードをコアノードと仮定し異なるコアペリフェリ構造に含まれているとする $((c_i, x_i) = (i, 1))$, $1 \le i \le N$). 次にランダムにノードを選び隣接しているノードのコアに属する場合 $((c_i, x_i) = (c_j, 1))$ とペリフェリに属する場合 $((c_i, x_i) = (c_j, 0))$ の両方において評価関数がどれくらい変わるかを評価する. このゲイン幅は次の式で書ける.

$$L := [d_{i,(c',1)} + x'd_{i,(c',0)} - \rho(A)(N_{c',1} + x'N_{(c',0)} - 1_{c=c'})]$$
$$- [d_{i,(c,1)} + xd_{i,(c,0)} - \rho(A)(N_{(c,1)} + xN_{(c,0)} - x)].$$

ここで $d_{i,(c,x)}$ はノード i に隣接しているノードのうちラベルが (c,x) になっているノードの数, $N_{(c,x)}$ はラベルが (c,x) となっているノードの数である. 評価関数が変わらない場合は (c_i, x_i) はそのままにする. 上昇する場合は上昇幅が大きい方を選ぶ. これを評価関数が変わらなくなるまで繰り返す. ノードごとに評価は $2d_i$ 回行うことになる. そのため全ノードのラベルを更新するのにかかる時間計算量は総エッジ数に比例する.

上記方法で検知されたコアペリフェリ構造が全て統計的に有意ではないかもしれない. そこで Kojaku[72] では Pearson の相関係数をベースに次の統計量を提案している.

$$Q_{BE}^{cp} = \frac{\sum_{i=1}^{N} \sum_{j=1}^{i-1}(A_{ij} - \rho(A))(B_{ij}(c,x) - p_B)}{\sqrt{\sum_{i=1}^{N} \sum_{j=1}^{i-1}(A_{ij} - \rho(A))^2}\sqrt{\sum_{i=1}^{N} \sum_{j=1}^{i-1}(B_{ij}(c,x) - p_B)^2}}.$$

ここで $p_B := \frac{\sum_{i=1}^{N} \sum_{j=1}^{i-1} B_{ij}(c,x)}{N(N-1)/2}$ である．この統計量とあるコアペリフェリ構造のノード数とエッジ密度に基づいて複数回生成した Erdős-Rényi モデルについて計算した統計量の分布を比較して帰無モデルで観測される Q_{BE}^{cp} よりも実データの統計量が低い割合を有意水準とする．1 つのコアペリフェリ構造を推定している Boyd[73] とは異なり Kojaku[72] では複数のコアペリフェリ構造を推定している．そのため 1 つ以上のコアペリフェリ構造を誤認してしまう確率は $1 - (1-\alpha)^C$ になる多重比較問題が発生してしまう．これを考慮するために Kojaku[72] では $\alpha_1 = 1 - (1-\alpha)^{\frac{1}{C}}$ を使うことを提唱している．

コアペリフェリ構造については離散的にコアかペリフェリかでなく連続値を用いる方法もある[74]．コアペリフェリ構造は前述のスケールフリーネットワークのように次数分布が偏っているネットワークでは誤認するような構造を検出してしまうことがある．この点についてロバストなコアペリフェリ構造を検出した研究としては Kojaku[75] が挙げられる．インターバンク市場について詳細な応用分析については Kojaku[69] を参照されたい．

1.9 **有向ネットワークの基礎分析**

1.9.1 **Bow-Tie 構造**

有向ネットワークではエッジの向きによって定義される上流から下流への流れに注目することがある．このようなマクロな視点でネットワークを要約したい場合，**Bow-Tie 構造**の分析が有用である[76]．Bow-Tie 構造分析では**弱い連結成分**（weakly connected component）と**強い連結成分**（strongly connected component）を峻別する．弱い連結成分とは無向ネットワークにおける連結成分と同値である．それに対して強い連結成分とは有向ネットワークにおいて矢印をたどった場合に自分を出発点としてその他全てのノードにたどり着くことができ，かつその他全てのノードから自分にたどり着くことができるノードの集合のことを指す．図 1.12 (a) においては真中の SCC の中にあるノードが強連結成分に対応する．弱い連結成分には含まれるが強い連結成分に含まれな

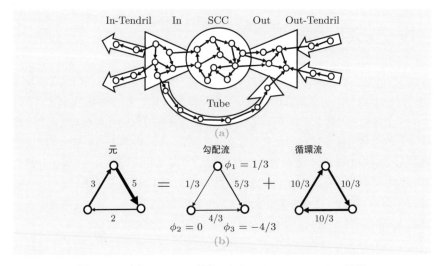

図 1.12 (a) Bow-Tie 構造, (b) Helmholtz-Hodge 分解

いノードのうち, SCC に向かって矢印が伸びているものの SCC ではないノードの集合を In, SCC の方から矢印が伸びているが SCC でない集合を Out, SCC を飛ばして In から Out に向かって連なっているノードを Tube, その他残りの部分を In Tendril, Out Tendril と分ける. Bow-Tie 構造は, ウェブのリンク構造のような大規模なネットワークの初期分析に特に有効な手法である.

1.9.2 Helmholtz-Hodge 分解

前述の通り有向ネットワークは無向ネットワークとは異なり上流から下流への流れが明示的に定まっているネットワークである. 無論, 前項の SCC に表れているようにループが生じている部分もあるが（下流から上流ノードに向けて流れの存在）, ランダムで矢印をたどっていけばやがては In から Out の方へと流れていく. そのためネットワーク全体の中でノードがどのくらい上流あるいは下流の方にいるのか表現した特徴量があると便利である. これを比較的簡単に達成することができるのが **Helmholtz-Hodge 分解** である[77].

有向ネットワークのノード i からノード j に流れるフロー F_{ij} は次のように分解できる.

$$F_{ij} = F_{ij}^p + F_{ij}^c.$$

ここで F_{ij}^p を勾配流とし，F_{ij}^c を循環流とする（視覚的な図については図 1.12 (b) を参照）．循環流 F_{ij}^c はネットワーク内で循環している（ループ）流れのことでありフィードバックに対応していると考えることができる．それに対して勾配流 F_{ij}^p は，川の上流から下流への流れのように，ネットワークの階層的な流れを表現している．

　各エッジの重みから循環流（F_{ij}^c）を引くことでネットワークの中でループに対応している部分を差し引き階層構造にのみ関心を絞ることができる．$F_{ij} = F_{ij}^p$ に限定したネットワークは単に上流から下流に流れるものになり，どれくらい上流にいるか下流にいるかを表した指標（ノード i のポテンシャルを ϕ_i とする）を定義すると便利である．ここでノード間のリンク構造を表す変数 w_{ij} を

$$w_{ij} = \begin{cases} 1 & i \text{ から } j \text{ にエッジがある} \\ 2 & \text{両方向にエッジがある} \\ 0 & \text{エッジがない} \end{cases}$$

と定義する．すると数学的に勾配流は次のようにポテンシャルの関数として書き出すことができる．

$$F_{ij}^p = w_{ij}(\phi_i - \phi_j).$$

$\phi_i\ (i = 1, \cdots, N)$ は実際の重み F_{ij}（重み付きネットワークでない場合は 0 か 1 の値をとる）と勾配流の 2 乗誤差を最小化することで求めることができる．数式的には次のように書ける．

$$\min_{\phi_{1:N}} \frac{1}{2} \sum_{i<j} w_{ij}^{-1} (F_{ij} - F_{ij}^p)^2.$$

仮に図 1.12 (b) の例を用いて具体的に書き出すと

$$\min_{\phi_{1:N}} \frac{1}{2} \left((-3 - (\phi_1 - \phi_2))^2 + (5 - (\phi_1 - \phi_3))^2 + (-2 - (\phi_2 - \phi_3))^2 \right)$$

となる．これを $\sum_i \phi_i = 0$ という制約のもとで最適化すると $\phi_1 = 0.333$, $\phi_2 = 0$, $\phi_3 = -1.33$ と求めることができる．こうして求めたポテンシャル値を用いることで勾配流 F_{ij}^p だけを抽出する．

　マクロな視点でネットワークを捉えた場合，単に勾配流と循環流の比率を分析したいことがある．例えば送金ネットワークにおいて循環流が多いときは景気が良いときに対応しそうである．ネットワーク全体を流れる勾配流（γ^p）と循環流（γ^c）は次のように各ノードにおける勾配流と循環流の総和として計算することができる．

$$\gamma^p = \sum_i \frac{\frac{1}{2}\sum_j w_{ij}^{-1}(F_{ij}^p)^2}{\sum_{j<k} w_{jk}^{-1}(F_{jk})^2}, \quad \gamma^c = \sum_i \frac{\frac{1}{2}\sum_j w_{ij}^{-1}(F_{ij}^c)^2}{\sum_{j<k} w_{jk}^{-1}(F_{jk})^2}.$$

この 2 つの値は直交性により $\gamma_p + \gamma_c = 1$ を満たす．Helmholtz-Hodge 分解はほぼ同等の分析で Trophic 分析と呼ばれるものもある．Trophic 分析との関係については MacKay[78] も参照されたい．

1.10　InfoMap

InfoMap[79] とはランダムウォークと符号化を用いたコミュニティ抽出法である．コミュニティ抽出法の説明に入る前にまずランダムウォークと符号化がどう関係するか解説する．ネットワークをランダムウォークしたときに自分がたどったパスを記録する問題を考える．ここでは簡易的に 4 つノードがあり $(1 \to 3 \to 1 \to 2)$ の順にランダムウォークしたとする．この際に各ノードをバイナリ文字列で表しその連結でパスを表現するとする．ナイーブにこれを達成するためにはノードを長さ 2（i.e $\log_2 4$）のバイナリ文字列で書けばよい．具体的には $u_1 = (00)$, $u_2 = (01)$, $u_3 = (10)$, $u_4 = (11)$ と定義することになる．この場合の $(1 \to 3 \to 1 \to 2)$ は 00100001 と書ける．このパスの符号長は 8 である．

　ネットワークの次数分布は完全グラフでない限り一定にはならない．つまりランダムウォークした場合においても 1.6.2 項で見た通りよく訪れるノードとよく訪れないノードがある．よく訪れるノードのバイナリ文字列を短くし，あまり訪れないノードのバイナリ文字列を長くすることで符号長は上記方法

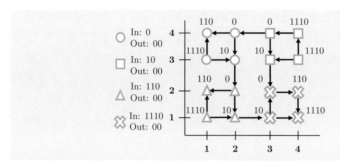

図 1.13 InfoMap

よりも改善できる♠19. 異なる長さのバイナリ文字列を定める方法の 1 つが**ハ
フマン符号**である. 無論, 適当に異なる長さのバイナリ文字列を与えてしま
うとパスの符号を受け取った側が意味を解釈できなくなる. 例えば $u_1 = (0)$,
$u_2 = (1)$, $u_3 = (01)$ などとしてしまうと 01 を見たときにそれがノード $(1,2)$
を表現しているのかノード (3) を表しているのかがわからなくなる. そこ
でハフマン符号では例えば 0 を単語の区切りとして $u_1 = (0)$, $u_2 = (10)$,
$u_3 = (110)$, $u_4 = (1110)$ 等とする. このようにすれば $(1,2)$ なら 010, (3)
なら 110 など曖昧さがなくなる. ハフマン符号を用いると $(1 \to 3 \to 1 \to 2)$
についても 0110010 と長さは 7 になる. 1 ビットだけであるが符号長を短く
できたことがわかる.

　ハフマン符号は賢い符号化法であるが, それでもまだ不十分である. 例えば
コミュニティ構造が存在する場合, コミュニティ内のノードはお互い密につな
がっているのに対してコミュニティ間はつながりが弱い. コミュニティ構造が
あるネットワークに関してはもっと賢い符号化を考えることができそうであ
る. まず, ハフマン符号をコミュニティごとに与える. つまり, A というコ
ミュニティにいる場合の $(0), (10), (110), (1110)$ と B というコミュニティに
いる場合の $(0), (10), (110), (1110)$ を異なるものにする. 次に, あるコミュニ

♠19この発想は自然言語にもある. 例えば単語の出現頻度の分布はべき分布（Zipf 則）に従
うことは既に述べたが, 出現頻度上位の単語は文字数が短い傾向がある（a, the, is, are,
by など）. Zipf はよく使う単語が長いと負担が大きくなるという意味で princpile of least
effort と呼んだ. これには反論もあり, Piantadosi は単語が持つ情報量が単語の長さを定め
ると主張した[80].

ティに入った場合と出た場合のハフマン符号を与える．入った場合の符号はコミュニティごとに異なるものとするが，出る場合の符号は同じ符号とする．図 1.13 においては便宜上ノードは x 軸と y 軸の値で表現されるものとする（図にノード番号を表示すると符号と重なって見づらいため）．また，各記号はコミュニティを表しているものとする．$(2,4)$ から始めて $(2,3)$，$(2,2)$，$(2,1)$ をたどったとする．この場合はまず，◯というコミュニティに入る 0，最初のノード 0，次のノード 10，コミュニティを出るという記号 00，△というコミュニティに入ったという符号 10，次のノード 0，最後のノード 10 の連結になり 00100010010 となる．この定式化はコミュニティ間を跨ぐ際に余分に文字列を使用することになるが，実際の動きはほとんどコミュニティ内で生じるため結果的には文字列は短くなる．

コミュニティ抽出する際には実際の符号を計算する必要はない．まず，Shannon の情報源符号化定理によると確率 p_i，$i = 1, \ldots, n$ で生じる n 個の状態を表した確率変数 X の平均符号長は X のエントロピー（$H(X) = -\sum_{i=1}^{n} p_i \log_2(p_i)$）よりも低くなることはない．このことを利用しモジュラリティ極大化同様に次のように評価関数（**map equation**）を定める．

$$L_{\mathrm{map}} = qH(Q) + \sum_{c=1}^{C} p^c H(P^c).$$

ここで q_c はコミュニティ c を離脱する確率を表し，$q = \sum_{c=1}^{C} q_c$ とする．また p^c はコミュニティ c にいる確率とコミュニティ c を離脱したという確率の和を表すものとする（$p^c = \sum_{j=1}^{N} p_j 1_{c_j=c} + q_c$）．各エントロピーの項は

$$H(Q) = -\sum_{c=1}^{C} \frac{q_c}{\sum_{j=1}^{C} q_j} \log_2 \left(\frac{q_c}{\sum_{j=1}^{C} q_j} \right), \tag{1.8}$$

$$H(P^c) = -\frac{q_c}{q_c + \sum_{j=1}^{N} p_j 1_{c_j=c}} \log_2 \left(\frac{q_c}{q_c + \sum_{j=1}^{N} p_j 1_{c_j=c}} \right)$$
$$- \sum_{k=1}^{N} \frac{p_k}{q_c + \sum_{j=1}^{N} p_j 1_{c_j=c}} \log_2 \left(\frac{p_k}{q_c + \sum_{j=1}^{N} p_j 1_{c_j=c}} \right) 1_{c_k=c} \tag{1.9}$$

と表されるものとする．式 (1.8) はコミュニティ間の移動に関連する符号長に対応し，式 (1.9) は各コミュニティ内の移動に関連する符号長に対応する．この評価関数を極大化するノードとコミュニティ番号の対応を見つければよい．これはモジュラリティ同様に貪欲法によって探すことが可能である．InfoMap の時間計算量は $\mathcal{O}(E\log(E))$ である（E はエッジの本数）．そのためモジュラリティ同様に非常に大きなネットワークにも適用可能である．

1.11 テンポラルネットワークとマルコフ性

1.11.1 テンポラルネットワーク

基本的にこれまでの分析は全てスタティックネットワーク（静的ネットワーク）を対象にしたものであるが，**テンポラルネットワーク（動的ネットワーク）**についても同様の分析は可能である．本書では理論編でも応用編でも一部テンポラルネットワークを扱うため本節ではテンポラルネットワークの基本的なアイデアをまとめる．

テンポラルネットワークの記述の仕方は大きく分けて 2 通りある（図 1.14 (a) と (b)）．1 つがイベントベースでありもう 1 つがスナップショットである．イベントベース（図 1.14 (a)）で記述する場合はノードペア，時刻，間隔を 1 つのタプルとして扱うことになる．数式的には

$$\{(u_i, v_i, t_i, \Delta t_i ; i = 1, \ldots, E)\}$$

となり，具体的には $u_i = a$ から，$v_i = b$ へ，時刻 $t_i = 3.4$ に $\Delta t_i = 10$ 秒の電話をかけたなどの状況である．最後の間隔に関しては定義しないことも多い．

スナップショットの場合

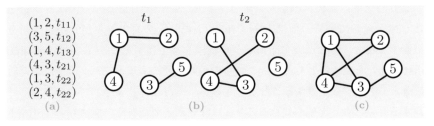

図 1.14 テンポラルネットワーク

$$G = \{G_1, G_2, \ldots, G_T\}$$

と離散的に各時点にネットワークが観測される状況を想定する．図 1.14 (b) は t_{1*}（例えばある日付内の取引とする）と t_{2*} に分けてネットワークのスナップショットを作った例である．隣接行列を用いてスナップショットを表現することもでき，各行列を時間方向で結合することでテンソル（行列の 3 次元的拡張）として分析することもできる．

テンポラルネットワークにおいてもランダムウォークを定義することができ<u>テンポラルウォーク</u>と呼ぶ．交通ネットワーク（ノードを駅やバス停としエッジを移動手段とする）の例に顕著であるが，テンポラルウォークをした場合，あるノード（駅）にいたとしてもイベントが起きる（電車が来る）まではウォーク（移動）できず，待ち時間が生じる．また，自明なことではあるが過去にイベントがあったとしてもそのイベントを通してウォークすることはできない（5 分前に電車が来たところでそれにはもう乗れない）．そのためイベントベースのエッジを集約化した静的ネットワークのランダムウォークと比較したときにテンポラルウォークは様相が大分異なるときがある．また，テンポラルウォークはランダムウォークと比較して無向ネットワークであっても対称にならないことがある．例えば図 1.14 (c) のスタティックネットワークにおいてノード 1 から 5 にランダムウォークできるが，図 (a) であろうが図 (b) であろうがノード 1 から 5 にテンポラルウォークすることはできない．

距離についても独特の定義がある．ある時点 t における最短距離を次のように定義することがある．

$$d_{\text{short}}(i, j; t) = \min\{n : t_1 \geq t\}. \tag{1.10}$$

つまり時刻 t 以降のエッジをたどり i から j にたどり着くまでのエッジ数 n として定義している．他にも n を $t_n - t$ にし，テンポラルがかかる時間を計測する場合（foremost distance）や間隔を最小化する $t_n - t_1$（travel-time distance）を使うこともある．これらの距離を元にネットワーク直径，強連結成分，モチーフを定義することができるが，式 (1.10) に表されているように計測する時点によって値が変わることには注意が必要である．他にも PageRank に対する TempoRank [81]，Katz 中心性に対する dynamic communicability

など静的ネットワークのモデルをテンポラルネットワークに拡張した例は数多くある. 詳しくは Masuda[53] を参照されたい.

1.11.2　メモリネットワークと2次マルコフ性

本章で紹介した拡散やランダムウォークでは情報（送金，人，粒子など）の流れがどこから来ても，次にどこへ送るかは独立して定まると仮定してきた. これはパスに対してマルコフ性（pathway Markov）があるという仮定に基づいている[53]. しかし，現実のデータでは情報の受け取り元によってその後の送り先が変わることがある. 例えば，メールで連絡を受け取ったときに連絡帳にある送信先にランダムに送ることはなく，仕入販売ネットワークにおいてある自動車会社から注文を受けてお金を受け取った後は，特定の自動車部品メーカーなどに部品を発注することが多い. このような相関関係を考慮したモデルが**メモリネットワーク**[82],[83] である.

メモリネットワークにおいてはそれまでたどったパスが次のエッジに影響を与える. 2次まで想定する場合はあるエッジが来たときに次のエッジが出現する確率を評価すればよいことになる（図 1.15 参照）. 具体的にノード i からノード j に情報が流れてきたときにノード j からノード k に流れる確率を $p(ij \to jk)$ とする（$\sum_{k=1}^{N} p(ij \to jk) = 1$）. 1次マルコフ性を想定する場合は $p(ij \to jk) = p(j \to k)$ になり，エントロピーは

$$H(X_{n+1}|X_n) = - \sum_{i,j=1}^{N} p_i^* p(i \to j) \log p(i \to j)$$

となる. ここで $p^* = (p_1^*, \ldots, p_N^*)$ は定常分布である. これに対して2次マルコフ性のエントロピーは次の通りになる.

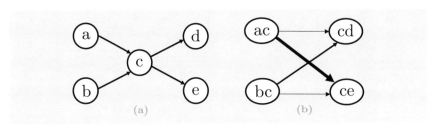

図 1.15　(a) 元のネットワーク（1次マルコフ），(b) 2次マルコフ

	1	**2**	**3**
1	0	0.5	0.5
2	0.5	0	0.5
3	0.5	0.5	0

	12	**13**	**21**	**23**	**31**	**32**
12	0	0	a	b	0	0
13	0	0	0	0	c	d
21	e	f	0	0	0	0
23	0	0	0	0	g	h
31	i	j	0	0	0	0
32	0	0	k	l	0	0

(a)   (b)

図 1.16　(a) 元のネットワーク（1 次マルコフ），(b) 2 次マルコフ

$$H(X_{n+1}|X_n, X_{n-1}) = - \sum_{i,j,k=1}^{N} p_{ij}^* p(ij \to jk) \log p(ij \to jk).$$

具体的に説明すると，仮に 3 つノードがあったとして 1 次マルコフの仮定のもとでの隣接行列は図 1.16 (a) のように書ける（行方向から列方向へと遷移するとする）．図 1.16 (b) が 1 次マルコフになるには $a = k$，$b = l$，$c = g$，$d = h$，$e = i$，$f = j$ が成立すればよい（全て 0.5 であれば図 1.16 (a) と同等になる）．逆にそれ以外の場合は 1 次マルコフでは捉えきれないエッジ間の相関が観測されることになり，上記のエントロピーに差が生じる．

統計的ネットワーク

2

　本章では統計的ネットワークモデルの構成法と推論法を解説する．最初に最も基本的なモデルである確率的ブロックモデルを紹介し，潜在ブロック数のモデル選択法についても解説する．次に交換可能性について簡単に説明し，頂点交換可能性やエッジ交換可能性からどのようにモデルが導けるか解説する．後半では指数ランダムグラフを解説し，その問題点を説明しながら近い発想のモデルである構造的生成モデルやヒンジロスマルコフランダムフィールドについて解説する．最後にサブネットワークの異常検知について言及する．

■ 2.1 確率的ブロックモデル（SBM）

2.1.1 SBM

　第1章ではモジュラリティを極大化することでネットワークをコミュニティ構造（対角ブロック構造）に分割する方法を紹介した．しかし第1章でも紹介した通り，ネットワークは対角構造以外にも多様な構造をとりうる．そうした構造も含めブロック構造を正しく推定するためにはコミュニティ構造以外もモデリングする必要がある．また，第1章で解説した通りモジュラリティ極大化は解像度限界や過学習しやすいという問題を抱えている．本章で解説する手法はコミュニティ構造以外のブロック構造も推計でき，過学習しづらい傾向がある．本節ではまず Erdős-Rényi モデルの発展と見ることができる**確率的ブロックモデル（Stochastic Block Model，**以下 SBM)[25], [26] を解説する．

　SBM では各ノードは必ず1つのブロックに属し，ノード間にエッジが生じる確率は所属しているブロック間に定められている重み（結びつきの強さ）によって決まるものとする．仮にノードが N 個，ブロック数が K 個あるとする．さらに各ノードのブロックへの割り当て関数を $Z : \{1, \ldots, N\} \to \{1, \ldots, K\}$ とし，ブロック間のノードにエッジが張られる確率を表現した行列を

$W : \{1, \ldots, K\} \times \{1, \ldots, K\} \to [0, 1]$ とする．有向ネットワークに対するモデルの生成過程は，割り当てとブロック間の重みに対して事前分布を与えることで，次のように表現することができる．

$$
\begin{aligned}
W_{kl} &\sim \mathrm{Beta}(\beta_1, \beta_2), \\
\eta &\sim \mathrm{Dir}(\alpha_1, \ldots, \alpha_K), \\
Z_i &\sim \mathrm{Cat}(\eta_1, \ldots, \eta_K), \\
A_{ij}|Z, W &\sim \mathrm{Bern}(W_{Z_i, Z_j}).
\end{aligned} \tag{2.1}
$$

ここで $\mathrm{Beta}(\beta_1, \beta_2)$ はベータ分布[♠1]，$\mathrm{Dir}(\alpha_1, \ldots, \alpha_K)$ はディリクレ分布[♠2]，$\mathrm{Bern}(W_{Z_i, Z_j})$ はベルヌーイ分布[♠3]，$\mathrm{Cat}(\eta_1, \ldots, \eta_K)$ はカテゴリカル分布[♠4]である．自然言語処理におけるトピックモデル同様にパラメータが多いため事前分布を仮定することで一種の正則化を図っている．事前分布については計算を楽にするために共役事前分布[♠5]を仮定しているが何もこの形だけではない．頻度主義の枠組みでモデルを表現するのであれば事前分布を与えずに W と η は未知のパラメータとして扱うことになる．その場合は最初の 2 つの式は不要になる．

　生成過程 (2.1) の最後の 2 つの式を書き下すと次のようになる．

$$
p(Z|\eta) = \prod_{i=1}^{N} \prod_{k=1}^{K} \eta_k^{1_{Z_i = k}},
$$

$$
p(A|Z, W) = \prod_{i=1}^{N} \prod_{j=1, j \neq i}^{N} W_{Z_i Z_j}^{A_{ij}} (1 - W_{Z_i Z_j})^{1 - A_{ij}}.
$$

無向ネットワークをモデリングする場合は $\prod_{i=1}^{N} \prod_{j=1, j \neq i}^{N}$ を $\prod_{i=1}^{N} \prod_{j=i+1}^{N}$

[♠1] $\mathrm{Beta}(x; \beta_1, \beta_2) := \frac{x^{\beta_1 - 1}(1-x)^{\beta_2 - 1}}{B(\beta_1, \beta_2)}$ で定義される確率分布．ここで $B(\beta_1, \beta_2) = \frac{\Gamma(\beta_1)\Gamma(\beta_2)}{\Gamma(\beta_1 + \beta_2)}$ はベータ関数，$\Gamma(x) = \int_0^\infty t^{x-1} e^{-t} dt$ はガンマ関数．

[♠2] $\mathrm{Dir}(x; \alpha_1, \ldots, \alpha_K) := \frac{\Gamma(\sum_{k=1}^{K} \alpha_k)}{\prod_{k=1}^{K} \Gamma(\alpha_k)} \prod_{k=1}^{K} x_k^{\alpha_k - 1}$ で定義される確率分布．ここで $\{x_1, \ldots, x_K\}$ は $0 \leq x_k \leq 1$ かつ $\sum_{k=1}^{K} x_k = 1$ を満たす．

[♠3] $\mathrm{Bern}(x; p) := p^x (1-p)^{1-x}$ で定義される分布．ここで $x \in \{0, 1\}$．

[♠4] $\mathrm{Cat}(x; \eta_1, \ldots, \eta_K) := \prod_{k=1}^{K} \eta_k^{1_{x=k}}$ で定義される分布．

[♠5] 事前分布と事後分布が同型となるような事前分布のこと．計算が楽になるためベイズ統計学ではデフォルトの事前分布として使われやすい．

に変更すればよい．SBM はブロック数を 1 にした場合，最後の尤度の部分は

$$p(A|W) = \prod_{i=1}^{N} \prod_{j=1,j\neq i}^{N} w^{A_{ij}} (1-w)^{1-A_{ij}}$$

と書き直せ，Erdős-Rényi モデルと同等になる．ここで行列 W に対して w は
スカラー値である．同時にこの洞察は SBM が疎なスケールフリーネットワーク（複雑ネットワーク）を表現するには不適切な可能性を示唆している．この点については 2.4 節で述べる．

　生成過程 (2.1) は最終的にベルヌーイ分布からサンプリングしていることからわかる通り，シンプルなネットワークのモデルになっている．SBM をマルチグラフのモデルに拡張する場合は

$$
\begin{aligned}
&\lambda_{kl} \sim \mathrm{Gamma}(\beta_1, \beta_2),\\
&\eta \sim \mathrm{Dir}(\alpha_1, \ldots, \alpha_K),\\
&Z_i \sim \mathrm{Cat}(\eta_1, \ldots, \eta_K),\\
&A_{ij}|Z, \lambda_{kl} \sim \mathrm{Poisson}(\lambda_{ij})
\end{aligned}
\tag{2.2}
$$

とすればよい．ここで $\mathrm{Gamma}(\beta_1, \beta_2)$ はガンマ分布であり，$\mathrm{Poisson}(\lambda_{ij})$ はポアソン分布である．繰り返しになるが，ガンマ分布はポアソン分布の共役事前分布であることから多用されるが，何もこの分布である必要はない．また，事前分布をおかずに頻度主義の枠組みでモデル化することもできる．このときの尤度の部分は次の通りになる．

$$p(A|Z, W) = \prod_{i=1}^{N} \prod_{j=1,j\neq i}^{N} \frac{1}{A_{ij}!} \lambda_{Z_i Z_j}^{A_{ij}} \exp(-\lambda_{Z_i Z_j}). \tag{2.3}$$

　SBM の尤度は次のように書き直せることから指数型分布族[♠6]であることがわかる．

[♠6] 確率密度関数が $f(x|\theta) = h(x) \exp(\eta(\theta)^\top T(x) - A(\theta))$ で書ける分布のこと．ここで $\theta = (\theta_1, \theta_2, \ldots, \theta_p)$ とパラメータを表すベクトルであり，h, T, A, ζ は既知の関数である[84].

$$p(A|Z, W) = \prod_{i=1}^{N} \prod_{j=1, j \neq i}^{N} \exp\left(A_{ij} \log\left(\frac{W_{Z_i Z_j}}{1 - W_{Z_i Z_j}}\right) + \log\left(1 - W_{Z_i Z_j}\right)\right)$$

$$\propto \exp\left(\sum_{ij} T(A_{ij}) \zeta(W_{Z_i Z_j})\right).$$

ここで $T(x) = (x, 1)$ かつ $\zeta(x) = \left(\log\frac{x}{1-x}, \log(1-x)\right)$ である.式 (2.3) のポアソン分布の場合も $T(x) = (x, -\log(x!), -1)$, $\zeta(x) = (\log(x), 1, x)$ とすることで指数型分布族として書き直すことができる.

ポアソン分布に限らず指数型分布族で表現できる分布であれば同じ枠組みで原理的にはモデル化可能である.しかし,ポアソン分布や幾何分布であればマルチグラフのモデルとして理解できるが,(負の値もとりうる)正規分布などを使う場合はエッジの重みを表しているのかどうか不明瞭になる.そのため重みをモデル化する際はエッジの有無とエッジの重みを峻別してモデル化することがある[85],[86].この場合は

$$\log p(A|Z, W) = \alpha \sum_{i,j \in E} T_e(A_{ij}) \zeta_e(W^e_{z_i z_j}) + (1 - \alpha) \sum_{i,j \in X} T_x(A_{ij}) \zeta_x(W^x_{z_i z_j})$$

とエッジの存在確率と重みの分布それぞれに対して指数型分布族を用いる.エッジの有無の部分とエッジの重みの貢献分は割合 $0 \leq \alpha \leq 1$ でコントロールする($\alpha = \frac{1}{2}$ と仮定することが多い).$\alpha = 1$ の場合,SBM と同等になる.

2.1.2 SBM の推論法

SBM の推論方法は数多くある.ここでは生成過程が自然言語処理におけるトピックモデルに似ていることに注目し,**変分 EM**(変分法と期待値最大化(Expectation Maximization)アルゴリズムの組合せ)による方法と**マルコフ連鎖モンテカルロ法**(Markov Chain Monte Carlo,以下 MCMC)による推定法を紹介する.

変分 EM(頻度主義):最初に事前分布をおかないときの推定法を説明する.SBM の尤度 $p(A|W, \eta)$ は $p(A|W, \eta) = \sum_Z p(A, Z|W, \eta)$ と計算することができるが,Z のところのとりうる組合せ数が非常に多く現実的には計算不可能である.こうした潜在変数を含むモデルを極大化する際に使われる基本的なテクニックが EM アルゴリズムである.潜在変数 Z の分布を仮に $q(Z)$ とする.

$p(A|W, \eta)$ は次のように書ける.

$$\log p(A|W, \eta)$$

$$= \sum_Z q(Z) \log \left(\frac{p(A, Z|W, \eta)}{q(Z)} \right) - \sum_Z q(Z) \log \left(\frac{p(Z|A, W, \eta)}{q(Z)} \right).$$

ここで後半の $-\sum_Z q(Z) \log \left(\frac{p(Z|A,W,\eta)}{q(Z)} \right)$ はカルバック–ライブラー情報量と呼ばれ $\mathrm{KL}\,(q(Z)|p(Z|A, W, \eta))$ と表記する. この量は $q(Z)$ が事後分布である $p(Z|A, W, \eta)$ とどれだけ離れているかを表した量になる. 仮に $q(Z)$ が事後分布である $p(Z|A, W, \eta)$ と等しい場合は $\mathrm{KL}\,(q(Z)|p(Z|A, W, \eta))$ は 0 になる.

理想的には $q(Z) = p(Z|A, W, \eta)$ とできればよいのであるが, この式は容易に計算可能な形で書くことができない. そのため Daudin[87] では

$$q(Z) = \prod_{i=1}^N q(Z_i) = \prod_{i=1}^N \mathrm{Cat}(Z_i; \tau_i)$$

と近似している. ここで τ_{ik} はノード i がブロック k に所属する確率を表した変分パラメータである ($\sum_q \tau_{iq} = 1$). この近似を用いることで EM アルゴリズムを構成することができる. E ステップでは W, η を固定した状態で $q(Z)$ を極大化し, M ステップでは $q(Z)$ を固定した状態で W, η を極大化する. 具体的な更新式に関しては紙面の都合上割愛するが, 興味のある方は Daudin[87] を参照されたい.

変分 EM（ベイズ統計）：次に事前分布を定めた場合の推論アルゴリズムに言及する. 潜在変数 x と観測変数 y があった際にベイズ統計における推論は事後分布

$$p(x|y) = \frac{p(y|x)p(x)}{p(y)}$$

を推論することである. ここで $p(y|x)$ は尤度, $p(y) = \int_x p(y|x)p(x)dx$ はエビデンスと呼ばれる. SBM に同様の発想を適用するなら $p(Z|A, \eta, W)$ を推論することになるが, これは直接は計算できないため $p(Z, \eta, W|A)$ を変分近似する方法がとられる. 近似としては

$$q(Z, \eta, W) = q(\eta)q(W)q(Z)$$
$$= \text{Dir}(\eta; n) \prod_{k=1}^{K} \prod_{l=1}^{K} \text{Beta}(W_{kl}; \phi_{kl}, \psi_{kl}) \prod_{i=1}^{N} \text{Cat}(Z_i; \tau_i)$$

と変分近似することで同様の推論法を構成できる. 具体的な更新式に興味があれば Latouche[88] を参照されたい.

MCMC によるサンプリング：引き続き事前分布を含む生成モデルを考える. 変分法以外でベイズ統計においてもう 1 つ多用される推論法がサンプリングである. 事後分布に対してサンプリングを多数行い, その経験分布をもって変数の分布を推定する. 有限サンプルによって変数を推定するため変分法同様に近似推論に分類されるが, 関数近似による近似式が含まれないことが特徴である. MCMC の最も簡単な方法はギブスサンプリング（Gibbs sampling）である. ギブスサンプリングはランダムな初期値から出発し, サンプリング対象の変数以外の変数を所与のものとして, 一つ一つ変数をサンプリングし更新する手法である. SBM の全パラメータをそのままギブスサンプリングによって推論することも可能だが, これは非常に時間がかかるため自然言語処理におけるトピックモデルと同様に W と η を周辺化し（積分し）, 各ノードへ割り当ててギブスサンプリングをすることが多い. この方法を**周辺化ギブスサンプリング**（collapsed Gibbs sampling）と呼ぶ. 具体的には次の式に基づいて各ノードのブロックをサンプリングする.

$$Z_i \sim p(Z_i = k | A^{i\cdot}, A^{\cdot i}, A^{-i}, Z^{-i}) \propto p(Z_i = k, A^{i\cdot}, A^{\cdot i} | A^{-i}, Z^{-i})$$
$$= \iint p(Z_i = k, A^{i\cdot}, A^{\cdot i}, W_{1:K,1:K}, \eta | A^{-i}, Z^{-i}) d(W_{1:K,1:K}) d\eta$$
$$= \iint p(A^{i\cdot} | Z_i = k, W_{1:K,1:K}, \eta, A^{-i}, Z^{-i}) \qquad (2.4)$$
$$\times p(A^{\cdot i} | Z_i = k, W_{1:K,1:K}, \eta, A^{-i}, Z^{-i})$$
$$\times p(Z_i = k, W_{1:K,1:K}, \eta | A^{-i}, Z^{-i}) d(W_{1:K,1:K}) d\eta.$$

ここで Z^{-i} は i 番目のブロックを除いたベクトル, $A^{i\cdot}$ は隣接行列の i 行目, $A^{\cdot i}$ は隣接行列の i 列目, A^{-i} は i 行目と i 列目を除いた隣接行列である. ここで η と W で積分（周辺化）していることがポイントである. この式の各パーツは

$$p(A^{i\cdot}|Z_i = k, W_{1:K,1:K}, \eta, A^{-i}, Z^{-i}) = p(A^{i\cdot}|Z_i = k, Z^{-i}, W_{k,1:k})$$

$$= \prod_{j=1}^{N} p(A_{ij}|W_{kZ_j}) = \prod_{l=1}^{K} \prod_{j=1}^{N} [p(A_{ij}|W_{kl})]^{1_{Z_j=l}},$$

$$p(A^{\cdot i}|Z_i = k, W_{1:K,1:K}, \eta, A^{-i}, Z^{-i}) = p(A^{\cdot i}|Z_i = k, Z^{-i}, W_{1:K,k})$$

$$= \prod_{j=1}^{N} p(A_{ji}|W_{Z_j k}) = \prod_{l=1}^{K} \prod_{j=1}^{N} [p(A_{ji}|W_{lk})]^{1_{Z_j=l}},$$

$$p(Z_i = k, W_{1:K,1:K}, \eta|A^{-i}, Z^{-i})$$

$$\propto p(Z_i = k|\eta)p(\eta|Z^{-i}) \prod_{l=1}^{K} p(W_{kl}|A^{-i}, Z^{-i}) \prod_{l=1}^{K} p(W_{lk}|A^{-i}, Z^{-i})$$

となる．これらを式 (2.4) に代入し整理すると次のようになる．

$$p(Z_i = k|A, Z^{-i}) \propto \int p(Z_i = k|\eta)p(\eta|Z^{-i})d\eta$$

$$\times \int \prod_{l=1}^{K} \prod_{j=1}^{N} [p(A_{ij}|W_{kl})]^{1_{Z_j=l}} p(W_{kl}|A^{-i}, Z^{-i})dW_{kl}$$

$$\times \int \prod_{l=1}^{K} \prod_{j=1}^{N} [p(A_{ji}|W_{lk})]^{1_{Z_j=l}} p(W_{lk}|A^{-i}, Z^{-i})dW_{lk}.$$

この整理された式の $\int p(Z_i = k|\eta)p(\eta|Z^{-i})d\eta$ はディリクレ分布が多項分布の共役事前分布であることから

$$\int p(Z_i = k|\eta)p(\eta|Z^{-i})d\eta = \frac{\alpha_k + \sum_{i'=1, i' \neq i}^{N} 1_{Z_{i'}=k}}{\sum_{l=1}^{K} \left(\alpha_l + \sum_{i'=1, i' \neq i}^{N} 1_{Z_{i'}=l} \right)}$$

となり，同様にベータ分布がベルヌーイ分布の共役事前分布であることから

$$\int \prod_{l=1}^{K} \prod_{j=1}^{N} [p(A_{ij}|W_{kl})]^{1_{Z_j=l}} p(W_{kl}|A^{-i}, Z^{-i})dW_{kl}$$

$$= \prod_{l=1}^{L} \frac{B(\beta_1 + n_{kl}^1 + n_{il}^1, \beta_2 + n_{kl}^2 + n_{il}^2)}{B(\beta_1 + n_{kl}^1, \beta_2 + n_{kl}^2)}$$

となる．ここで

$$n_{il}^1 := \sum_{j=1}^N A_{ij} 1_{Z_j=l},$$

$$n_{kl}^1 := \sum_{i'=1, i' \neq i}^N \sum_{j=1}^N A_{i'j} 1_{Z_{i'}=k} 1_{Z_j=l},$$

$$n_{il}^2 := \sum_{j=1}^N (1 - A_{ij}) 1_{Z_j=l},$$

$$n_{kl}^2 := \sum_{i'=1, i' \neq i}^N \sum_{j=1}^N (1 - A_{i'j}) 1_{Z_{i'}=k} 1_{Z_j=l}$$

である. 残りの項についても次の通りになる.

$$\int \prod_{l=1}^K \prod_{j=1}^N [p(A_{ji}|W_{lk})]^{1_{Z_j=l}} p(W_{lk}|A^{-i}, Z^{-i}) dW_{lk}$$

$$= \prod_{l=1}^K \frac{B(\beta_1 + n_{lk}^1 + n_{li}^1, \beta_2 + n_{lk}^2 + n_{li}^2)}{B(\beta_1 + n_{lk}^1, \beta_2 + n_{lk}^2)}.$$

ここで

$$n_{li}^1 := \sum_{j=1}^N A_{ji} 1_{Z_j=l},$$

$$n_{lk}^1 := \sum_{i' \neq i, i'=1}^N \sum_{j=1}^N A_{ji'} 1_{Z_{i'}=k} 1_{Z_j=l},$$

$$n_{li}^2 := \sum_{j=1}^N (1 - A_{ji}) 1_{Z_j=l},$$

$$n_{lk}^2 := \sum_{i' \neq i, i'=1}^N \sum_{j=1}^N (1 - A_{ji'}) 1_{Z_{i'}=k} 1_{Z_j=l}$$

である. よって式 (2.4) は次のように書ける.

$$p(Z_i = k | A, Z^{-i}) \propto \left(\alpha_k + \sum_{i'=1, i' \neq i}^{N} 1_{Z_{i'}=k} \right)$$
$$\times \prod_{l=1}^{K} \frac{B(\beta_1 + n_{kl}^1 + n_{il}^1, \beta_2 + n_{kl}^2 + n_{il}^2)}{B(\beta_1 + n_{kl}^1, \beta_2 + n_{kl}^2)}$$
$$\times \prod_{l=1}^{K} \frac{B(\beta_1 + n_{lk}^1 + n_{li}^1, \beta_2 + n_{lk}^2 + n_{li}^2)}{B(\beta_1 + n_{lk}^1, \beta_2 + n_{lk}^2)}.$$

$\sum_{k=1}^{K} p(Z_i = k | A, Z^{-i}) = 1$ であるため各項を計算した後に総和で割ることで各ブロックの確率を計算できる.

割り当てさえ推論できてしまえば W や η の推定値を計算することは容易である. m_{kl}^1 と m_{kl}^2 を

$$m_{kl}^1 := \sum_{i=1}^{N} \sum_{j=1}^{N} A_{ij} 1_{Z_i=k} 1_{Z_j=l},$$
$$m_{kl}^2 := \sum_{i=1}^{N} \sum_{j=1}^{N} (1 - A_{ij}) 1_{Z_i=k} 1_{Z_j=l}$$

のように定義するとブロックペアの重みの最大事後確率（maximum a posteriori）は

$$W_{kl} = \frac{m_{kl}^1 + \beta_1}{m_{kl}^1 + m_{kl}^2 + \beta_1 + \beta_2}$$

として推定できる. d_i をノード i の次数とすると周辺化ギブスサンプリングはサンプリングするたびに $O(d_i K)$ の計算量がかかる.

2.1.3 SBM のモデル選択

SBM のブロック数の決め方も推論法同様に様々な方法がある. ここでは情報量規準に基づく方法, ベイジアンノンパラメトリクスを用いたモデル（無限関係モデル）, 単純な記述長最小化原理に根差したものの3つを解説する.

情報量規準：通常の統計モデルのモデル選択同様に情報量規準を用いてブロック数を選択することもできる. 例えば AIC（赤池情報量規準）は

$$AIC = -2 \log(p(A|W, \eta)) + 2D$$

と書けるが，いわゆる線形回帰モデルとは異なりこのパラメータ数を決めることが SBM の場合は難しい[89]．Dabbs[89] では $D = K^2 + K - 1$ とすることを提案している．同様の問題を抱えているが BIC（ベイジアン情報量規準）

$$\mathrm{BIC} = -2\log(p(A|W,\eta)) + D\log(N(N-1))$$

を用いることもできる[89]．いずれの場合にしてもこれらが最大となるようにブロック数を定める．

ベイジアンノンパラメトリクスと無限関係モデル（Infinite Relational Model，以下 IRM）：ブロック数が確率的に増減する確率過程を事前分布の代わりに用いることで自動でブロック数を調整する方法もある．一般的にこうした手法をベイジアンノンパラメトリクスと呼ぶ．SBM で用いる確率過程としては中華料理店過程（Chinese Restaurant Process）が挙げられる．中華料理店過程は

$$p(Z_i = k|Z_1,\ldots,Z_{i-1}) = \begin{cases} \frac{n_k}{i-1+\gamma} & n_k > 0 \\ \frac{\gamma}{i-1+\gamma} & k \text{ は新規ブロック} \end{cases}$$

と定義されるものである．ここで $n_k := \sum_{j=1}^{i-1} 1_{Z_j=k}$ である．右辺の上の式は優先的選択モデルと同等でありブロックサイズに比例して選択される確率が増える．中華料理店過程を SBM に応用したのが IRM である[90]．IRM は次のように書ける♠7．

$$Z \sim \mathrm{CRP}(\gamma),$$
$$W_{ij} \sim \mathrm{Beta}(\beta_1, \beta_2),$$
$$A_{ij}|Z, W \sim \mathrm{Bern}(W_{Z_i Z_j}).$$

IRM では中華料理店過程を用いたことで η は周辺化されたものと見ることができる．残った W を周辺化することで SBM 同様に周辺化ギブスサンプリングの枠組みに落とし込むことができる．ノードのブロック所属確率は既存ブロックの場合は

♠7IRM の論文では消費者に対する購入製品など有向エッジの送り手と受け手が異なる集合を想定し Z^1 と Z^2 の 2 つの割り当てを定義しているが，本質的には変わらないのでここでは，送り手と受け手を峻別しないで 1 つの Z を用いる．

$$p(Z_i = k | A, Z^{-i}) \propto \left(\sum_{i'=1, i' \neq i}^{N} 1_{Z_{i'}=k} \right)$$

$$\times \prod_{l=1}^{K} \frac{B(\beta_1 + n_{kl}^1 + n_{il}^1, \beta_2 + n_{kl}^2 + n_{il}^2)}{B(\beta_1 + n_{kl}^1, \beta_2 + n_{kl}^2)}$$

$$\times \prod_{l=1}^{K} \frac{B(\beta_1 + n_{lk}^1 + n_{li}^1, \beta_2 + n_{lk}^2 + n_{li}^2)}{B(\beta_1 + n_{lk}^1, \beta_2 + n_{lk}^2)}. \tag{2.5}$$

新規ブロックは

$$p(Z_i = k | A, Z^{-i}) \propto \gamma \prod_{l=1}^{K} \frac{B(\beta_1 + n_{il}^1, \beta_2 + n_{il}^2)}{B(\beta_1, \beta_2)} \prod_{l=1}^{K} \frac{B(\beta_1 + n_{li}^1, \beta_2 + n_{li}^2)}{B(\beta_1, \beta_2)}$$

$$\tag{2.6}$$

に比例する．SBM 同様に両者（式 (2.5) と (2.6)）全てのケースを計算し，総和で割ることで確率を求める．

Peixoto[91] の手法と分解型正規化最尤符号：モデル選択に**記述長最小化原理**（Minimum Description Length principle，以下 MDL）を用いることもできる．ここでは n_k をブロック k に所属するノード数とする．また，各ノードのブロックに対する割り当ては引き続き Z とし，ブロック数は K とし，事前分布を無情報事前分布（uninformative prior）に置き換える．例えばブロック数に対しては，1 からとりうるブロック数の最大値であるノード数に対して一様分布を仮定し次のように定義する．

$$p(K) = \frac{1}{N}.$$

次にグループサイズの分布については，N を空ではない K 個のブロックに分ける組合せも一様であると仮定し

$$p(n_{1:K} | K) = \binom{N-1}{K-1}^{-1}$$

とする．ランダムで生成されたグループのサイズ $n_{1:K}$ を制約条件とし，グループ分割の確率を同様に一様に定めると

$$p(Z | n_{1:K}) = \frac{\prod_k n_k!}{N!}$$

となる．これらを組み合わせることでブロックに対する割り当ては次式で表現
できる．

$$p(Z) = p(Z|n_{1:K})p(n_{1:K}|K)p(K) = \frac{\prod_k n_k!}{N!}\binom{N-1}{K-1}^{-1}\frac{1}{N}.$$

　次にネットワークの生成確率を考える．マルチグラフを対象とした SBM の
尤度は

$$p(A|\lambda, Z) = \prod_{i=1}^{N}\prod_{j=1, j\neq i}^{N} \frac{\lambda_{Z_i Z_j}^{A_{ij}}\exp(-\lambda_{Z_i Z_j})}{A_{ij}!}$$

となる．ここで λ_{kl} はブロック k に所属しているノードからブロック l に所属
しているノードに対して張られているエッジ数の平均値である．λ_{kl} に対する
無情報事前分布は全体のエッジ数の平均 $\overline{\lambda} = \frac{2E}{K(K+1)}$ を中心にした指数分布
$p(\lambda_{kl}) = \frac{1}{\overline{\lambda}}e^{-\frac{\lambda_{kl}}{\overline{\lambda}}}$ で表現できる．これによって

$$p(\lambda|Z) = \prod_{k=1}^{K}\prod_{l=1}^{K} \frac{n_k n_l}{(1 + 1_{k=l})\overline{\lambda}}\exp\left(\frac{-n_k n_l \lambda_{kl}}{(1 + 1_{k=l})\overline{\lambda}}\right)$$

とできる[91]．後は $p(A|Z) = \int p(A, \lambda|Z)p(\lambda|Z)d\lambda$ を計算することで最終的
に周辺尤度を計算することができる[91]．これでモデルは整理できた．

　さて，ここでブロック k から l のブロックペアに対応しているエッジの本数
を e_{kl} とし，その情報を格納した行列を e とする．すると

$$p(A|Z) = p(A|e, Z)p(e|Z)$$

と表せる．この等号が成り立つのは，k と l の間のエッジの本数が期待値とし
て λ_{kl} に等しくなるのではなく必ず実測値の e_{kl} になると制約づけているから
である．

　これらの設定を元にベイズ推論の問題として書き直す．この問題におけるベ
イズ推論とは事後分布

$$p(Z|A) = \frac{p(A|Z)p(Z)}{p(A)} = \frac{p(A|e, Z)p(e|Z)p(Z)}{p(A)} \propto p(A|e, Z)p(e|Z)p(Z)$$

を推論することである．最後の部分を次のように書き直す．

$$p(A|e, Z)p(e|Z)p(Z) = 2^{-\Sigma}$$
$$\Leftrightarrow \Sigma = -\log_2 p(A|e, Z) - \log_2 p(e|Z) - \log_2 p(Z). \tag{2.7}$$

ここで $-\log_2 p(A|e, Z)$ はモデルを所与とした場合に必要な情報量で，$-\log_2 p(e, Z) = -\log_2 p(e|Z) - \log_2 p(Z)$ はモデルを記述するために必要な情報量と解釈することができる．つまり，前半部分はモデルのサイズ（パラメータ数）が大きくなればなるほど減る量であるのに対して，後者はモデルサイズが大きくなればなるほど増える量になっており，AIC や BIC などの情報量規準と同じ構造になっている．

このときの Σ を Peixoto [91] は符号長と呼び MDL を用いてモデル選択することを提案している．MDL に関しては Yamanishi [92] が詳しいが，ここで注意が必要なのは式 (2.7) を用いてモデル選択を行うことは山西 [93]（p.51）が解説する第 1 世代の MDL に対応していることである．第 1 世代の MDL を用いてモデル選択を行うことはミニマックス規準において最適なものでないことがわかっている．最適解に対応する符号長は**正規化最尤符号長**（Normalized Maximum Likelihood code length，以下 NML）を用いて定式化した場合である [92], [93]．Rissanen [94] によって提案されたこの定式化を山西 [93] は第 2 世代の MDL と呼んでいる．

Yamanishi [95], [96] は**分解型正規化最尤符号**（Decomposed Normalized Maximum Likelihood code length，以下 DNML）で正規化最尤符号長を近似することによって効率的に SBM のモデル選択を行う手法を提案した．DNML は完全変数化モデルに対して，NML 符号長を計算することで理論的保証のあるモデル選択規準となっている．しかし，本アプローチは例えば後述する次数修正確率的ブロックモデル（DCSBM），については計算方法が自明ではない♠8．その一方で Peixoto [91] が用いている第 1 世代の MDL はミニマックス規準において最適解ではないなど理論的な観点からは劣る点がある反面，DCSBM でも計算できるという長所もある．そのため本項と次項では第一世代の MDL ではあるが Peixoto [91] を解説する．

ここまで定式化が定まれば後は MCMC によってサンプリングすることができる．ここでは**メトロポリス–ヘイスティングス法**（Metropolis-Hastings

---

♠8 パラメトリックコンプレキシティの計算方法が自明ではない [92], [97]．

algorithm）を利用する．メトロポリス–ヘイスティングス法はギブスサンプリングの一般化とも捉えることができる．メトロポリス–ヘイスティングス法の肝は現在の変数の値を所与としたときに，提案分布 $p(Z'|Z)$ から新しい変数の値をサンプルし，その新しい変数を採択するかどうかを確率

$$a = \min\left(1, \frac{p(Z'|A)}{p(Z|A)}\frac{p(Z|Z')}{p(Z'|Z)}\right)$$

で定めるというものである．この提案分布については次の詳細釣り合い条件が成立する必要がある．

$$T(Z'|Z)p(Z|A) = T(Z|Z')p(Z'|A).$$

ここで $T(Z'|Z)$ は採択原理を含む遷移確率である．この条件によってメトロポリス–ヘイスティングス法はいずれは正しい分布から必ずサンプリングできることを保証する．

メトロポリス–ヘイスティングス法の肝は $\frac{p(Z'|A)}{p(Z|A)}$ を $\frac{p(A|e,Z')p(e|Z')p(Z')}{p(A|e,Z)p(e|Z)p(Z)}$ で評価できることである．つまりエビデンスの項（$p(A)$）が計算不能であっても評価できる．一番簡単な提案分布は

$$p(Z_i'|Z^{-i}) = \frac{1}{K+1}$$

である．ここで $K+1$ になっているのは IRM 同様に新しいブロックに割り当てられる可能性を考慮するためである．しかしこれだと提案分布が採択される可能性が低く MCMC に非常に時間がかかってしまう．そのため様々な提案分布の改善が提案されているが[91]，大規模なネットワークになるとそれでも計算量が非常に多くなる．そのため初期値を計算量の軽い発見的手法で定めることが多い♠9．

2.1.4 Nested SBM と学習不足

事前分布を用いたことやモデル選択によって SBM は過学習することは少ないが，それでも学習不足（解像度限界）は生じる可能性がある（具体例としては Peixoto[91] の Figure.4 参照）．学習不足の問題を解消するために，元のネッ

♠9 モジュールとしては Python の graph-tool が挙げられる．ここでも発見的手法と厳密な推定を組み合わせている．

トワークからブロック構造を推論し，得られたブロック構造をマルチグラフとして見てさらに階層的にブロック構造を推論し，それを繰り返すことによって学習不足の問題を解決できるとした手法が **Nested SBM** [91],[98] である．

元のネットワークをレベル $h = 0$ で表す．レベル 0 のブロック数，ノードに対するブロックの割り当て，ブロックペアのエッジ数を K_0, Z^0, e^0 とする．このときに e^0 をマルチグラフのネットワークとして見ることで新たに 1 つ上の階層のモデルを作ることができる．具体的には

$$p(e^h | e^{h+1}, Z^{h-1}, Z^h)$$

$$= \prod_{k=1}^{K} \prod_{l=1, l \neq k}^{K} \binom{n_k^h n_l^h + e_{kl}^{h+1} - 1}{e_{kl}^{h+1}}^{-1} \prod_{k=1}^{K} \binom{\frac{n_k^h(n_k^h+1)}{2} + \frac{e_{kl}^{h+1}}{2} - 1}{\frac{e_{kl}^{h+1}}{2}}^{-1}$$

と書ける．各階層の割り当てに対する事前分布は同様に

$$p(Z^h) = \frac{\prod_{k=1}^{K} n_k^h!}{K_{h-1}!} \binom{K_{h-1} - 1}{K_h - 1}^{-1} (K_{h-1})^{-1}$$

とする．これらを用いることで同時分布は

$$p(A, e^{0:H}, Z^{0:H} | H) = p(A | e^1, Z^0) p(Z^0) \prod_{h=1}^{H} p(e^h | e^{h+1}, Z^{h-1}, Z^h) p(Z^h)$$

と書ける．最終レイヤーについては $K^H = 1$, $p(Z^H) = 1$ という境界条件を与える♠10．この定式化をもって後は前述の方法と同じように MCMC によってサンプリングする．Nested SBM の応用例は第 5 章で紹介する．

2.1.5 次数修正確率的ブロックモデル（DCSBM）

SBM はスケールフリーネットワークに代表される複雑ネットワーク（疎かつ次数分布の裾野が厚い）のときはうまくいかない[99]．図 2.1 は企業の仕入販売ネットワークに対して SBM を適用した結果である．各ノードの位置は対数ばねモデルで表現しているため，つながりが強く同じブロックに所属しそうなノード同士は隣接しやすくなっているはずである．そうであるにも関わら

♠10階層数については事前 $H_{\max}$ を定め $p(H) = \frac{1}{H_{\max}}$ とする．この項は事後分布には影響しない．

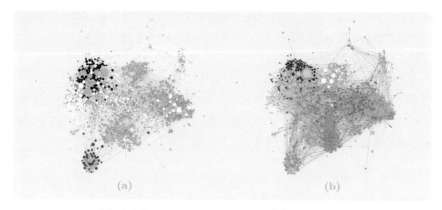

図 2.1 (a) 確率的ブロックモデル，(b) 次数修正確率的ブロックモデル

ず左上のノードに顕著だが，次数分布の裾が厚い場合，真のグループを全く反映せず単に次数が高いものと低いものを分けようなブロックが生じている．このようにどこか綺麗にブロックがまとまっていないことがわかる．本項では比較的容易に SBM の問題点を修正できる**次数修正確率的ブロックモデル**（**Degree Corrected SBM**，以下 DCSBM）を紹介する[100],[101]．

式 (2.3) と同じようにマルチグラフを対象とすると DCSBM は

$$p(A|Z,W) = \prod_{i=1}^{N} \prod_{j=1, j \neq i}^{N} \frac{1}{A_{ij}!} (\theta_i \theta_j \lambda_{Z_i Z_j})^{A_{ij}} \exp\left(-\theta_i \theta_j \lambda_{Z_i Z_j}\right)$$

となる．ここで θ_i, $i \in \{1, \ldots, N\}$ は裾の厚い次数分布を考慮するための潜在変数である．識別可能にするために θ_i には制約条件が必要である．Karrer[100] では $\sum_i \theta_i 1_{Z_i=k} = 1$ としている．重み付きにしたり階層化したりするなど SBM に対して行った拡張は全て DCSBM に対しても可能であり，推論やモデル選択についても SBM 同様に構成できる．詳しくは Peixoto[91] を参照されたい．また，DCSBM 以外にも SBM の拡張は数多く存在する．この他の SBM の拡張一覧に対しては Funke[99] などのサーベイ論文を参照されたい．

2.2 交換可能性とグラフォン

2.2.1 交換可能性

潜在空間モデルや疎なネットワークのモデルを解説する前に，ここではそれらのモデルの背景にある交換可能性という概念を解説する．データ $X_1, \ldots, X_n$ をある確率分布を仮定して背後にあるそのパラメータを推計する問題を考える．統計学の初級の教科書ではデータ $X_1, \ldots, X_n$ は独立同一分布からランダムにサンプリングされたものと仮定し，尤度関数（$L(\theta) = \prod_{i=1}^{n} p(x_i|\theta)$）を極大化することでパラメータの推定値を得る．ここで $X_1, \ldots, X_n$ が独立同一分布に従うことは $F_{X_i}(x)$ を X_i の分布関数とした場合

$$F_{X_1}(x) = F_{X_k}(x), \quad \forall k \in \{1, \ldots, n\},$$
$$F_{X_1, \ldots, X_n}(x_1, \ldots, x_n) = F_{X_1}(x_1) \ldots F_{X_n}(x_n)$$

が成立することと同値である．つまり独立同一分布に従うという仮定をおくことでそれ以上深く考えることなく統計分布のパラメータを推計できる．

実は $X_1, \ldots, X_n$ に対する独立同一分布の仮定は少し緩めることができる．それが**交換可能性**である．ランダムなデータ $X := (X_1, X_2, \ldots)$ が無限に交換可能であるとは任意の $n \in \mathbb{N}$ に対して

$$p(X_1, \ldots, X_n) = p(X_{\pi(1)}, \ldots, X_{\pi(n)}) \tag{2.8}$$

が成立することと同値である．ここで π は $\{1, 2, \ldots n\}$ に対する置換（並び替え）を表すものとする．要するに観測順を入れ替えても同時分布は変わらないという性質である．独立同一分布であれば交換可能になるが，逆は必ずしも成り立たない．例えば b 個の青いボールと r 個の赤いボールが入っている箱からランダムにボールを選び，毎回選ばれたボールと同じ色のボールを a 個だけ追加して元に戻すものとする．このときの $X_1, \ldots, X_n$ は

$$p(b, r, r, b) = \frac{b}{b+r} \frac{r}{b+r+a} \frac{r+a}{b+r+2a} \frac{b+a}{b+r+3a}$$
$$= \frac{r}{b+r} \frac{r+a}{b+r+a} \frac{b}{b+r+2a} \frac{b+a}{b+r+3a} = p(r, r, b, b)$$

となるように交換可能であるが独立同一分布性は満たさない．

交換可能性が成立するデータ列に対しては **de Finetti の表現定理**が成立する[102]. de Finetti はコイントスを念頭にバイナリのデータ列

$$(0, 1, 0, 1, 1, 1, 0, 1, 1, 0, 0, \dots)$$

を考えた. de Finetti はこのバイナリ列が交換可能であることと

$$p(X_1 = x_1, \dots, X_n = x_n) = \int_0^1 \theta^{t_n} (1 - \theta)^{n - t_n} dF(\theta)$$

が成立するような分布関数 $F(\theta)$ が存在することは同値であることを示した. ここで, $t_n = \sum_{i=1}^n x_i$ である. つまり, 交換可能であればベルヌーイ分布の混合分布のような形で必ず表現でき, 逆もまた成立することを示した.

この定理はコイントスに代表されるようなバイナリデータ以外にも一般化することができる[103], [104]. de Finetti の表現定理は次の通りになる.

定理 2.1 $X := (X_1, X_2, \dots)$ が無限に交換可能であることと, 全ての n に対して $p(X_1 = x_1, \dots, X_n = x_n) = \int \prod_{i=1}^n p(x_i|\theta) \mu(d\theta)$ が成立する $\mu(d\theta)$ が存在することは同値である. ここで μ は θ 上の測度である[102].

この定理のポイントは必要条件ではなく十分条件の方にある. 必要条件の方は $\prod_{i=1}^n p(x_i|\theta)$ が順不同になっていることから自明である. 逆の十分条件の方は交換可能なデータであれば, θ に対して $(x_1, \dots, x_n)$ が条件付き独立になるようなパラメータ θ, 尤度 $p(x|\theta)$, θ に対する分布 μ が存在することを示している.

この $\mu(d\theta)$ について de Finettei の表現定理は何も明言していない. $p(\theta = \theta_0 = 1)$ のような退化分布でも問題なければ, $\theta \sim \text{Beta}(a, b)$ のようにベータ分布をおく形でも構わない. 前者のように退化分布を仮定することとはパラメータを未知の定数として仮定することと同値である. そのため頻度主義の考え方になる. 逆に後者のようにパラメータに対して (事前) 分布をおくケースはベイズ統計の考え方になる. 後者の場合は, 既に SBM で例を示したように, まずパラメータが何らかの分布によって決定され, その後にデータがサンプリングされるという 2 段階の生成モデルを想定することになる. de Finetti の表現定理のポイントは, データがパラメータに対して独立同一分布からランダムにサンプリングされたものだとする標準的な統計モデルを正当化

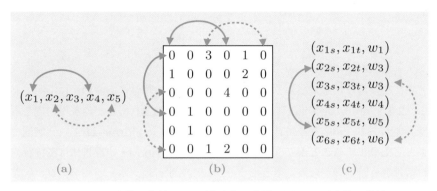

図 2.2 (a) 交換可能性, (b) 頂点交換可能性, (c) エッジ交換可能性

するにはデータ列に対する交換可能性の仮定で必要十分である, ということを明確にしたことにある[104]. このように交換可能性は統計モデルの根本に根差す考え方である. 定理の証明に関心のある読者は O'Neil[104] を参照されたい.

2.2.2 頂点交換可能性

前項で解説した通り交換可能性は統計モデルの根本に根差す考え方である. それではネットワーク, 特に隣接行列における交換可能性に対応するものは何か. この対応関係を見つけることでネットワークに対する統計モデルの作り方が明瞭になることが期待される.

まずは第 1 章の Erdős-Rényi モデルを検討する. このモデルでは隣接行列の要素を全て交換可能にしているため通常の交換可能性と同等のものになりあまり面白くない. 隣接行列にあうように式 (2.8) の発想を拡張するとノード（各行と各列）の置換に対して同じ確率分布に従うという条件が思いつく（図 2.2 (b)）. 数式としては次のように書け, これを**頂点交換可能性**（**同時に交換可能**）と呼ぶ[4],[105].

定義 2.1 隣接行列 A_{ij} が頂点交換可能であるとは全ての置換（並び替え）π に対して

$$\{A_{ij}\} \sim_d \{A_{\pi(i)\pi(j)}\}$$

が成立することである[4]♠11. ここで $\sim_d$ は同時分布が等しいという意味である.

2.2.3 グ ラ フ ォ ン

単に交換可能性を定義するだけならその定義に有用性があるのかは不明である. 2.2.1 項でも de Finetti の表現定理を紹介した通り何らかの表現定理を示す必要がある. 頂点交換可能性における表現定理は **Aldous-Hoover 定理**の系として導出することができる[106],[107]. Aldous-Hoover 定理自体は隣接行列に限定された定理ではなくネットワークに限らず行列, 木, パーティションなども含む広範なものを含む[105]. ここでは隣接行列のみを対象にした系を解説する. シンプルな無向ネットワークに対して次の系が成立する[105].

定理 2.2　A をシンプルな無向ネットワークの隣接行列とする. このときに A が頂点交換可能であることと,

$$(A_{ij}) \sim_d \left(1_{U_{ij}<W(U_i,U_j)}\right)$$

が成立するようなランダム関数 $W:[0,1]^2 \to [0,1]$ が存在することは同値である. ここで $(U_i)_{i\in\mathbb{N}}$ と $(U_{ij})_{i,j\in\mathbb{N},i<j}$ は W とは独立な独立同一分布である. ここで $\mathbb{N}$ は自然数である.

de Finetti の表現定理から生成モデルがを導くことができるように Aldous Hoover 定理からも生成モデルを導くことができる. この場合, まず (1) ランダム関数 $W \sim \nu$ をサンプリングし, (2) 全てのノード $i \in \mathbb{N}$ に対して W とは独立に一様分布からランダムに U_i をサンプリングし, (3) 全てのノードペア $i,j \in \mathbb{N}$, $i < j$ に対して $A_{ij}|W,U_i,U_j \sim \mathrm{Bern}(W(U_i,U_j))$ でサンプリングする. このときに使用したランダムな関数 $W:[0,1]^2 \to [0,1]$ を**グラフォン**と呼ぶ. 言い換えればネットワークにおける Aldous-Hoover 定理はグラフォンの存在を保証しているものと考えることもできる[108]. 頂点交換可能なモデルは全てグラフォンによって特徴づけることが可能である. ベイズ統計のモデルであればグラフォンに対する事前分布を定義することでモデルの空間を特徴づけることになる.

♠11頂点交換可能性を満たすネットワークを交換可能なグラフと呼ぶことがある[105].

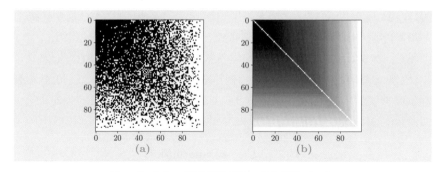

図 2.3 (a) 一様選択モデル，(b) グラフォン

　グラフォンの例として**一様選択モデル**を考える[109]．一様選択モデルでは優先的選択モデル同様に最初は 1 つのノードから始め 1 つずつノードを追加していくモデルである．優先的選択モデルと異なるのはこの新たに $n+1$ 番目のノードを追加する際にそれまで存在している全てのペアに対して $\frac{1}{n}$ の確率でエッジを結んでいくものである．図 2.3 (a) に一様選択モデルによって生成した無向ネットワークの隣接行列を示した．左上のノードの方が最初から存在しているためエッジ数が多いことが見て取れると思う．

　この過程に基づいてネットワークを大きくしていくと n ステップ後にノード i と j $(i < j)$ がつながっていない確率は，j が出現して以降 n ステップ目までずっと i と j が結びつかない確率で表現できるため，$\frac{j}{j+1}\frac{j+1}{j+2}\cdots\frac{n-1}{n} = \frac{j}{n}$ になる．この形を少し変形するとノード i とノード j がつながっている確率は

$$1 - \frac{\max\{i,j\}}{n}$$

と表せる．グラフォンは $[0,1]$ の間にノードに位置を付与するものであることを踏まえるとノード番号とノード数の間には $i = xn$ と $j = yn$ の関係で近似でき，それらを代入すると

$$1 - \max\{x,y\} \tag{2.9}$$

という関数を導出できる．ここで各ノードに対して一様分布からサンプリングされた値を付与し関数を描画したのが図 (b) である．図 (a) と (b) を比べてみると明らかであるが，2 つの図は似ておりグラフの極限状態（ノード数

$N \to \infty$）を表しているものであると想像がつく．証明はここでは割愛するが，一様選択モデルに対するグラフォンは式 (2.9) であることを示せる[109]．

　また，グラフォンを用いて SBM を表現することもできる．SBM は各ノードに対して離散的にブロックを 1 つ割り当てる．例えば各ノードに [0,1] の潜在位置を与え，この位置の情報によってエッジが生まれるかどうかを決定する．具体的には各ノードに対して

$$U_i, \ldots, U_N \sim \mathrm{Uniform}(0,1)$$

のように 0 から 1 の連続値を与える．これらの連続値のペアを用い隣接行列 A に対して次のように定式化する．

$$A_{ij}|U_i = u_i, U_j = u_j \sim \mathrm{Bern}(f(u_i, u_j)).$$

ここで Bern はベルヌーイ分布であり，f は 2 つの U_i, U_j を 1 つの連続値に変換する関数である（$f : [0,1]^2 \to [0,1]$）．この関数 f が W と同値なのは明白である．このモデルは U_i を適当な区間で区切りブロック番号を付与することで SBM を再現できる．そのため SBM の自然な一般化と見ることができる[105]．

　グラフォンはユニークには定まらない．同等のモデルであっても異なるグラフォンで表現することができる．例えば $f(x,y)$ と $f(1-x, 1-y)$ は $U \sim \mathrm{Uniform}(0,1)$ であれば同じことを表現することになる．こうした同じモデルを表現するグラフォンは弱同型と呼ばれる[105]．グラフォンはグラフ極限（graph limit）や極値グラフ理論（extremal graph theory）で頻出する概念であり，ネットワークの数理分析に解析学を持ち出すときに重宝されている．詳しくは Lovasz[109] を参照されたい．

2.3　潜在空間モデル

2.3.1　潜在空間モデル

　グラフォン（Aldous-Hoover 定理）の発想を明示的に用いて統計的ネットワークのモデルを記述した初期の例としては Hoff の研究[110], [111] が挙げられる．ここでは特に**潜在空間モデル**[110] について解説する．

　無向ネットワークを想定する．隣接行列は A で表すものとし，頂点交換可

能性が成立するものとする．このネットワークは前述の Aldous-Hoover 定理
を用いると

$$A_{ij} = h(\mu, u_i, u_j, \epsilon_{ij})$$

で表現することができる．ここで $u_1, \ldots, u_N$ は独立同一分布に従う潜在変数，
μ は定数，h は関数，ϵ_{ij} は観測ノイズである．これらの変数を用いて例えば次
のようなモデルを考えることができる．

$$\{\epsilon_{ij} : 1 \leq i < j \leq N\} \sim_{i.i.d} \text{Norm}(0, 1),$$

$$\{u_1, \ldots, u_N\} \sim_{i.i.d} f(u|\psi),$$

$$p(A_{ij} = 1|x_{ij}, u_i, u_j) := \theta_{ij} = \Phi(\mu + \beta^\top x_{ij} + \alpha(u_i, u_j)),$$

$$P(A|X, u_1, \ldots, u_N) = \prod_{i=1}^{N} \prod_{j=1}^{N} \theta_{ij}^{A_{ij}} (1 - \theta_{ij})^{A_{ij}}.$$

ここで u, ψ はパラメータ，x_{ij} は観測することができる特徴量（例えば貿易
ネットワークなら各国の GDP と両国の距離），β はそれらの特徴量に関係す
る係数，μ は定数，Φ はプロビット関数（シグモイド関数でもよい）であり，α
は潜在位置 u_i と u_j を入力にした関数である（具体形は後述）．この定式化は
エッジの有無をモデル化しているが，順序付きプロビットモデルに変更し，重
みも考慮することが可能である．この場合最後の 2 つの式は次のようになる．

$$p(A_{ij} = w|x_{ij}, u_i, u_j) := \theta_{ij}^{w} = \Phi(\mu_w + \beta^\top x_{ij} + \alpha(u_i, u_j))$$
$$- \Phi(\mu_{w+1} + \beta^\top x_{ij} + \alpha(u_i, u_j)),$$

$$P(A|X, u_1, \ldots, u_N) = \prod_{i=1}^{N} \prod_{j=1}^{N} \theta_{ij}^{A_{ij}}.$$

この定式化は α をどう定式化するかによって出てくるモデルが異なる．
$\alpha(u_i, u_j) = m_{u_i, u_j}$ とし，$u_i \in \{1, \ldots, K\}$ となるように u_i を区切れば SBM
と同等になる．

$$\alpha(u_i, u_j) = -|u_i - u_j|, \quad u_i \in \mathbb{R}^K, \quad i \in \{1, \ldots, N\}$$

と定式化した場合それは**潜在位置モデル**と呼ばれる[112]．u_i は K 次元のベク

トルで定式化していることにも注意が必要である．$K = 2$ であれば可視化は
容易であるが，それより大きい場合は一度さらに次元削減してから可視化する
必要がある．定式化からも明らかであると思うが，このモデルは無向ネット
ワークしか対象にできない（u_i と u_j をひっくり返しても同じ値になるため）．
それに対して次のようにモデル化することもある．

$$\alpha(u_i, u_j) = u_i^\top \Lambda u_j, \quad u_i \in \mathbb{R}^K, \quad i \in \{1, \ldots, N\}.$$

ここで Λ は $K \times K$ の対角行列である．この場合は**潜在ファクターモデル**と
呼ばれる[110], [113]．こちらのモデルの場合，ノードの送り手側と受け手側それ
ぞれに対してベクトル表現を与えることで有向ネットワークもモデル化できる
（$u_i^\top \Lambda v_j$）．潜在ファクターモデルにおける u_i の部分は貿易ネットワークであ
れば双方の GDP と距離などの貿易量に関係しそうな特徴量を差し引いた上で
のノード同士の関係を表した潜在表現になる．また，仮に 1 次元の潜在表現で
モデル化した場合 Λ はスカラー値になる．この場合 $\Lambda > 0$ であればホモフィ
リーになり，$\Lambda < 0$ であればヘテロフィリーに対応する．

　潜在ファクターモデルは動的モデルとして拡張することもできる[114]．こ
の場合はスナップショットとして各時点にネットワークがあると仮定して
モデル化することが多い．U, Λ, V の部分を除いて動学化した例としては
Westveld[115] が挙げられる．

2.3.2 潜在空間モデルの推論とモデル選択

　潜在変数とパラメータに対して適切に共役事前分布をおくことで事後分布の
サンプリングはギブスサンプリングとして容易に構成できる．SBM の MCMC
での推論時にも記したが，この場合も初期値を適切に定めることで収束までの
時間を軽減できる．そのため β の初期値はプロビット回帰で計算するなどの工
夫がされている．詳しくは Hoff[113] を参照されたい．ただし，それでもベイ
ズ推論による評価は計算時間が多く非常に大規模なデータに適応させることは
難しい．そうした点について改良を試みようとしている研究としては Ho[116]
が挙げられる．

　潜在空間モデルの潜在変数の次元数の選択は単に可視化したいからという理
由で 1〜3 次元に決定することもあるが，モデル選択の枠組みで求めることも

できる．また，前述の情報量規準を用いることもできる．例えば AIC の場合

$$\mathrm{AIC}(K) = -2\log p(A|\beta, X, U, V, \Sigma_\epsilon) + 2NK$$

となり BIC の場合は

$$\mathrm{BIC}(K) = -2\log p(A|\beta, X, U, V, \Sigma_\epsilon) + N\log\binom{N}{2}K$$

となる．しかしこれらは U, Λ, V を定数として扱っておりモデルの複雑さを過大評価する可能性があるといわれている[117]．そのため Deviance Information Criterion（DIC）[118] を用いることがある．DIC は

$$\begin{aligned}
\mathrm{DIC}(K) = &-2\log p(A|\beta, X, U, V, \Sigma_\epsilon)\\
&- 4(E[\log p(A|\beta, X, U, V, \Sigma_\epsilon)|A] - \log p(A|\beta, X, U, V, \Sigma_\epsilon))
\end{aligned}$$

である．この $E[\log p(A|\beta, X, U, V, \Sigma_\epsilon)|A]$ の部分は MCMC で生み出したサンプルから計算することができる．

2.4　疎なネットワークとエッジ交換可能性

　一見するといかなるモデルもグラフォンをベースにして記述できるように思えるが，頂点交換可能なネットワークモデルは基本的に密なネットワークか空なネットワークしか生み出すことができないことが知られている[4], [105], [108]．ここではまず Erdős-Rényi モデルを用いて単純な説明を試みる．Erdős-Rényi モデルは隣接行列の各マスに対して交換可能であるため当然頂点交換可能でもある．Erdős-Rényi モデルにおいてエッジは確率 $p > 0$ で存在するか，$p = 0$ の状況しかありえない．前者の状況であれば第 1 章で定義したエッジ密度は $\epsilon(A) = p > 0$ になり密なネットワークになる．後者であれば $\epsilon(A) = 0$ にはなるが，この際に $p = 0$ にもなっているため疎というより空のネットワークである．つまり密なネットワークか空なネットワークにしかならない．

　同様の議論は頂点交換可能なネットワークにおいても成立する．頂点交換可能であれば Aldous-Hoover 定理によってグラフォンが存在する．エッジ密度

はグラフォンを用いれば

$$\epsilon(A) := \int_{[0,1] \times [0,1]} W(x, y) dx dy$$

で計算できる．仮に右辺が 0 になるのであればそれは Erdős-Rényi モデルのときと同様に空なネットワークになり，右辺が 0 より大きい場合は $\epsilon(A) > 0$ となり密なネットワークになる．しかしながら実社会のネットワークは複雑（疎でスケールフリー）であることが多い♠12．既出の通り DCSBM はスケールフリー性を考慮できる 1 つの修正法であるが，もっと根本的に頂点交換可能性ではなくエッジ交換可能性を使うことでスケールフリー性を達成することもできる．

図 2.2 で先出しているが，ネットワークは $(X_1 = (s_1, r_1), \ldots, X_n = (s_n, r_n))$ とエッジリストとして書けるものとする．このエッジリストに対してエッジ交換可能性は次のように定義できる．

定義 2.2　エッジリスト $(X_1 = (s_1, r_1), \ldots, X_n = (s_n, r_n))$ に対してエッジ交換可能であるとは全ての置換（並び替え）π に対して

$$(X_1, \ldots, X_n) \sim_d (X_{\pi(1)}, \ldots, X_{\pi(n)})$$

が成立することである[4]．

実は第 1 章で紹介したハリウッドモデルはエッジ交換可能なモデルの代表格であり，第 1 章で見た通りハリウッドモデルは複雑ネットワークを生成することができる．

エッジ交換可能性に根差したモデルを用いてブロック構造を推定することもできる．例えば **Mixture of Dirichlet Network Distributions** (MDND)[119] では対角ブロック構造（コミュニティ構造）を対象にコミュニティが中華料理フランチャイズ過程によって生成されるモデルを提案している．ここで中華料理フランチャイズ過程とは複数の中華料理店過程を組み合わせるときに使う拡張した確率過程である．MDND の場合は各コミュニティに所属

♠12 この点に関して Orbanz [105] は "Exchangeable random structures are not "sparse". 中略... Hence, even though exchangeable graph models are widely used in network analysis, they are inherently misspecified." と述べている．

するノードの元集合をコミュニティ間で共通にするために使われる．この枠組みをさらに拡張してブロック構造を推計できるようにした **Nondiaigonal Mixture of Dirichlet Network Distirbution** [120] というモデルも存在する．

少し人工的なモデルなのでここでは深入りしないが，エッジ交換可能性以外にも 2 次元の点過程が交換可能であることを用いて疎なネットワークをモデル化する論文もある[108]．また，頂点交換可能ではなくエッジ交換可能でもないモデルを創ることもできる．静的ネットワークに対してそうしたモデルを構築する意義としてはネットワークの成長過程を推論できることが挙げられる．これを**ネットワーク考古学**（network archaeology）[121], [122] と呼ぶ．ネットワーク考古学が想定する問題をわかりやすく説明すると，例えば優先的選択モデルであれば次数の高いノードのエッジの方が次数の低いノードのエッジと比較して早い段階で生じたものであることが推察できる．こうした素朴な洞察を統計問題として厳密に定式化し，ノードやエッジの生成順を推論することがネットワーク考古学が扱う問題である．こうした問題は第 3 章で紹介するグラフ生成とも関連する問題である．

 ## 2.5　指数ランダムグラフモデルとその発展

2.5.1　ERGM とモデル選択

指数ランダムグラフモデル（Exponential Random Graph Model, 以下 ERGM）とは，ランダムグラフと比較した際にネットワーク統計量が高く生じるか，低く生じるかによってネットワークを特徴づけるモデルのことである[123], [124]．ネットワーク（隣接行列を A とする）に対して計算された統計量のベクトルを $h(A)$ とし，それらに対するパラメータを θ としたときに ERGM は次の式で定義される．

$$p(A, \theta) = \frac{\exp(\theta^\top h(A))}{\sum_{A^* \in A_{\mathrm{all}}} \exp(\theta^\top h(A^*))}.$$

統計量としては例えば次のようなものが考えられる．それぞれ互恵性，人気度合い，3 者間閉包を表している．

$$h_R(A) = \sum_{i<j} A_{ij}A_{ji},$$

$$h_P(A) = \sum_{i,j,k} A_{ji}A_{ki} + A_{kj}A_{ij} + A_{ik}A_{jk},$$

$$h_T(A) = \sum_i \sum_{j,k\neq i} A_{ij}A_{ik}A_{jk}.$$

統計量を工夫することで ERGM は非常に豊かな表現力を持つことができるが，用いる統計量によっては（上記例では 3 つ目の 3 者間閉包）推定が退化性の問題を抱え非常に難しくなる．そのため応用する際には注意が必要であるが，ERGM はネットワーク分析の最初期（複雑ネットワークが隆盛を誇る前）から分析されている基本モデルの 1 つである．

　前述の通り ERGM に限らずネットワークモデルに対して一般的なモデル選択の方法（AIC，BIC など）を構築することも可能である．しかしモデルによっては強引に近似を導入する必要があり理論的にも複雑である[125]．また，こうした手法は比較対象のモデル間の優劣は判定できてもあるモデルがネットワークのどの部分をうまく再現できていてどの部分を再現できていないかを理解することは困難である．

　特に ERGM は現実のネットワークの特徴を全く捉えられていないときがあり，どの部分の再現に失敗しているか確認する方法が必要になる．その際に使用されるのが Goodness of Fit である[125]．Goodness of Fit をまとめると次の 3 つのステップにまとめられる．(1) ネットワークデータに対してモデルのパラメータを推定し，(2) 推定したパラメータを元にモデルからネットワークを生成し，(3) 生成（シミュレーション）したデータと実際のネットワークデータを統計量を用いて比較するというものである．比較のときに Hunter[125] は次数分布，エッジごとの共通のノード数，エッジごとの測地線統計量を使用すること推奨しているが，他の統計量を用いることも可能である．直観的な方法だが，この発想は第 3 章で紹介するグラフ生成にも通じる．

2.5.2　ポテンシャルゲームと構造的生成モデル

　本項ではノードがどの他のノードとつながるか意思決定の問題として定式化した構造的生成モデルを紹介する．最終的な定式化が指数ランダムグラフと共

通点があるためここで扱う.

　ゲーム理論とは各個人の利得が最大になるようにプレーヤーがお互いの戦略を読みあった結果を分析する枠組みのことである. 初等的なモデルでは 2 人のプレーヤーがお互い読みあう状況を想定するが, マッチング (2 部グラフ) など多くのプレーヤーが関係する状況を分析することもある. この発想をさらに拡張することでゲーム理論 (効用最大化原理) からネットワーク生成することができる. ここではポテンシャルゲームを用いてネットワークが効用最大化原理に基づいて生成されていく様子をモデル化した**構造的生成モデル**[126], [127] を解説する. 本モデルは第 1 章で紹介した優先的選択モデルやコンフィギュレーションモデルと比較して各プレーヤーの戦略的行動を加味したネットワークを生成できることにその特徴がある.

　N 人のプレーヤーがいるとする. 各個人 i には X_i という属性を表す特徴量があるとする. 属性とは性別や年齢などの観測できる変数とする. プレーヤー同士はランダムで 2 人抽出されて (i と j とする) 出会うものとする♠13. 出会った 2 人はお互いの属性などを見てエッジを結ぶかどうか判断する. i は A_{ij} のエッジを張るか, 切断するかを判断し, j は A_{ji} のエッジを張るか, 切断するかを判断する. 具体的に i は次の効用関数を用いる.

$$U_i(A, X; \theta) = \sum_{j=1}^{N} A_{ij} u_{ij}^{\theta_u} + \sum_{j=1}^{N} A_{ij} A_{ji} m_{ij}^{\theta_m} + \sum_{j=1}^{N} A_{ij} \sum_{k=1, k \neq i,j}^{N} A_{jk} v_{ik}^{\theta_v}$$
$$+ \sum_{j=1}^{N} A_{ij} \sum_{k=1, k \neq i,j}^{N} A_{ki} w_{kj}^{\theta_w}.$$

(2.10)

ここでまず, これはつまり同性であれば友人になりやすいなどの効果を考慮するため $u_{ij}^{\theta_u} := f(X_i, X_j; \theta_u)$, $m_{ij}^{\theta_m} := g(X_i, X_j; \theta_m)$, $v_{ij}^{\theta_v} := h(X_i, X_j; \theta_v)$, $w_{ij}^{\theta_w} := h(X_i, X_j; \theta_w)$ と特徴量の影響も考慮する. 右辺の最初の項は直接的に i さんが j さんにつながることによって得る効用 (同じ属性の友達ができることによる効用), 2 つ目の項は相互にエッジを持つことによる効用 (相手も友達だと思ってくれていることによる効用), 3 つ目の項は (相手側が同じ属性の

♠13この出会いの過程は他のものにすることもできる.

友達を持っていることによる間接的な効用），最後は相手の人気度合いによる効用（人気者とつながることによる効用）である．さらにモデルを識別可能とするために $m(X_i, X_j; \theta_m) = m(X_j, X_i; \theta_m)$, $w(X_k, X_j; \theta_v) = v(X_k, X_j; \theta_v)$, $\forall i, j, k \in I$ と仮定する．特に後者は i が j とエッジを形成したことによって生じる外部性を考慮するためのものである．式 (2.10) をベースに i は

$$U_i(A_{ij}^t = 1, A_{-ij}^{t-1}, X; \theta) + \epsilon_{1t} \geq U_i(A_{ij}^t = 0, A_{-ij}^{t-1}, X; \theta) + \epsilon_{0t} \quad (2.11)$$

であれば g_{ij} をつなぎ，そうでなければ切断する．ここで $\epsilon_{1t}, \epsilon_{0t}$ はノイズである．以上の出会いの過程と効用関数を元にネットワークを生成する．しかしこのままだと個人の行動とネットワーク全体を結びつけることができず推論は困難である．そこで役立つのがポテンシャルゲームである．

ポテンシャルゲームとは全プレーヤーの戦略空間を 1 つのグローバル関数で書くことができるゲームのことである．この関数を定めることができればERGM のように指数の右肩にポテンシャル関数をのせ適切に正規化することで確率モデルを構成することができる．構造的生成モデルのポテンシャルは

$$H(A, X; \theta) = \sum_{i=1}^{N} \sum_{j=1}^{N} A_{ij} u_{ij}(\theta_u) + \sum_{i=1}^{N} \sum_{j>i}^{N} A_{ij} A_{ji} m_{ij}(\theta_m)$$
$$+ \sum_{i=1}^{N} \sum_{j=1, j \neq i}^{N} \sum_{k=1, k \neq i, j}^{N} A_{ij} A_{jk} v_{ik}(\theta_v)$$

と書ける．ここであるエッジ g_{ij} を張るか切断するかの問題に注目すると

$$H(A_{ij}, A_{-ij}, X; \theta) - H(1 - A_{ij}, A_{-ij}, X; \theta)$$
$$= U_i(A_{ij}, A_{-ij}, X; \theta) - U_i(1 - A_{ij}, A_{-ij}, X; \theta)$$

と書け，ポテンシャル関数は各個人の意思決定の単純な総和になっていることがわかる．このことから上記はポテンシャルゲームであることが保証される．これを用い

$$p(A, X; \theta) = \frac{\exp\left(H(A, X; \theta)\right)}{\sum_{a \in A_{\mathrm{all}}} \exp\left(H(a, X; \theta)\right)}$$

とし確率モデルにする．推論は少し手か込んでいるが基本的には MCMC を

構成することができ，どういったインセンティブによってネットワークが生じたか定量的に評価できる．こうした計量経済学に根差したモデルに関しては Graham[127] が詳しい．

2.5.3　ヒンジロスマルコフランダムフィールド（HLMRF）

　ネットワークに関していくつかのルールを仮定し，どのルールをデータが一番サポートするか推論する手法もある．ここではその一例としてヒンジロスマルコフランダムフィールド[128] を紹介する．

　図 2.4 のようなマルチプレックスネットワークを考える．ここで実線は友好関係を表し破線は夫婦関係を表すとする．この世界には被選挙人が 3 人（1,2,3）いるとする．各ノードが誰に投票をしたかは図 2.4 の番号の通りだとするが Lucas と Kelly だけは誰に投票したかわからないとする．図 2.4 をよく見ると気づくことであるが，友人同士であれば同じ候補者を選ぶようである．同様に夫婦間でも同じように見える．それではどちらの関係の方が候補者選びに強く影響するか．Lucas と Kellly は誰に投票すると予想できるか．この問題を指数型のモデルとして記述した**ヒンジロスマルコフランダムフィールド**（Hinge Loss Markov Random Field，以下 HLMRF）をここでは考えたい．

　友人同士（夫婦同士）であれば投票行動が似るということは 1 階述語論理を用いて次のように書ける．

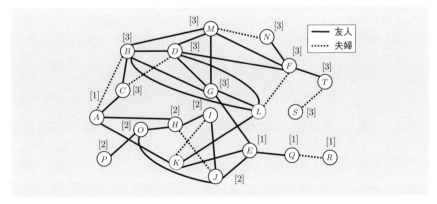

図 2.4　選挙行動とマルチプレックスネットワーク

$$\text{votes}(A, P) \cap \text{Fri}(A, B) \to \text{votes}(B, P),$$
$$\text{votes}(A, P) \cap \text{Spo}(A, B) \to \text{votes}(B, P). \tag{2.12}$$

これらの論理式自体は単に A と B が友人なら投票行動は同じになるといっているだけで重みを考慮していない．また，データにおいて完全に論理式を満たすことはないので重みをデータから推論することが重要になる．損失関数を書く前段階として **Lukasiwicz 論理** を用い論理式の連続化を行う．

$$x_1 \cap x_2 = \max\{x_1 + x_2 - 1, 0\},$$
$$x_1 \cup x_2 = \min\{x_1 + x_2, 1\},$$
$$\neg x_1 = 1 - x_1.$$

これはバイナリ状況なら通常と同じになり，ドモルガンの法則など通常の論理式操作も可能である．式 (3.17) を Lukasiwicz 論理で書き直す．まず式 (2.12) は

$$\neg(\text{votes}(A, P) \cap \text{Fri}(A, B)) \cup \text{votes}(B, P)$$

と書き直せる[♠14]．よって仮に $\text{votes}(A, P) = 0.9$, $\text{Fri}(A, B) = 1$, $\text{votes}(B, P) = 0.3$ なら

$$\neg(\max\{0.9 + 1 - 1, 0\}) \cup 0.3 = \min\{0.1 + 0.3, 1\} = 0.4$$

と真理値が計算できる．この真理値は各データについて評価することができる．損失関数は乖離値（かいりち）を元に計算する．変数の集合のうち，条件に使うものを X，結果に使うものを Y としたとき[128]，乖離値は

$$d_r(Y, X) := \max\{0, 1 - \text{真理値}\}$$

で表す．つまり上記の例の場合 0.6 となる．これはあるデータのインスタンスがバイナリで真の状況と比べてどれだけ乖離しているかを表した指標になる．

　このときに ERGM と同じように指数関数の中にヒンジロスエネルギー関数を代入することでモデルを構成したものがヒンジロスマルコフランダムフィールドである．

♠14真理表を書くとわかるが $A \to B$ と $\neg A \cup B$ は同値である．

$$p(Y|X) = \frac{1}{Z} \exp\left(-\sum_r \lambda_r \left(d_r(Y, X) \right)^p \right)$$
$$= \frac{1}{Z} \exp\left(-\sum_r \lambda_r \phi_r(Y, X) \right).$$

ここで Z は規格化定数であり $p \in \{1, 2\}$ とする．この定式化は全体が凸問題にであることがポイントである．このモデルは乖離値と重みの積算が低いほど確率が高くなる．したがって乖離値が高いモデルほど低い重みを設定することになる（逆もまた然り）．この重み λ_r はルールごとに定められておりこの値を推論することができれば最初の問題を解くことができる．

最初に λ_r がわかっている場合を説明する．λ_r がわかっていれば Lucas と Kellly は誰に投票すると予測できるかを解くことができる．仮に $\lambda_{\mathrm{Fri}} = 3$, $\lambda_{\mathrm{Spo}} = 2$ とする．この場合 λ_r は与えられているので $-\sum_r \lambda_r \phi_r(Y, X)$ を最大化するように Luke と Kelly の投票行動を予測すればよい．これは単なる条件付き極大化問題になり容易に解くことができる．各人の投票行動を確率的に書くと p_1, p_2, p_3 となり総和は 1 にならなければいけないのでパラメータ数は 2×2 になる．図 2.4 の状況であれば Luke= $(0.16, 0.08, 0.76)$, Kelly= $(0.51, 0.25, 0.24)$ と直観通りになる．

重みの学習は次の式を用い勾配を評価する[129]．

$$\frac{\partial \log p(Y|X)}{\partial \lambda_r} = E_\lambda[\phi_r(Y, X)] - \phi_r(Y, X).$$

ここで右辺の 1 項目はウェイトを与えた状態でモデルから示唆される乖離値の期待値であり，2 項目は実際のデータにおける乖離値である．2 項目は容易に計算できるが 1 項目には工夫が必要である．1 項目の期待値を愚直に MCMC で評価するには計算量が多すぎる．そのため Bach[128] では与えられた重みに対してプレーヤーの投票行動空間の確率密度を全て計算して期待値を得るのではなく最頻値をそのまま用いている．この方法で推論すると最初の問題は $\lambda_{\mathrm{Fri}} = 2.5$ 付近になるのに対して $\lambda_{\mathrm{Spo}} = 0.8$ 付近になり友人関係の方が夫婦関係よりも投票行動に影響を与えていることがわかる♠15．

♠15そんなに難しいコードではないので興味のある読者は自分で書いてみることをお勧めする．

2.6 サブネットワークの異常検知

最後に少し統計的ネットワークの枠組みからははずれるが，本書では第 4 章で送金ネットワークを扱うため，本節ではサブネットワークの異常検知について簡単に触れる．

ソーシャルネットワークサービスのフォロー・フォロワー関係やリツイート関係，ユーザー ID と商品レビューの関係，送金ネットワークなどにおいてネットワークの全体的な傾向と比較して密になっているサブネットワークを検知することが重要になることがある．なぜならこうした密なサブネットワークは往々にして特殊な状況が生じていることを示唆しているからである．例えば SNS において人工的に話題を作る場合はアカウントを新規作成しハッシュタグをベースにフォロー数やリツイート数を増やすことで工作することが考えられる．普通に口コミで情報が拡がっていった状況と比較してこうした人工的な状況が生み出すネットワークは統計的に有意な特徴が見られるかもしれない．他の例としては送金ネットワークにおけるマネーロンダリングが考えられる．マネーロンダリングを行う場合，お金が入っている口座から引き出すことができる口座まで短い期間で取りこぼしがないように送金する必要がある．こうした異常な送金パスを検知することができればマネーロンダリング対策に役立てられるかもしれない．そこで本節ではサブネットワークの異常検知の例として**密なサブネットワークの検知**と**異常なパス検知**の問題を解説する．

密なサブネットワーク検知：密なサブネットワークを見つける簡単な手段としては平均次数やクリークの数などの基本的統計量を用いる方法である．無論，第 1 章で紹介したモジュラリティやコンダクタンスを用いることもできる．テンポラルネットワークであれば今まで全く見たことがないコミュニティがあったときにそれを検知することは自然な発想である．この他にもランダムグラフモデルなどの帰無モデルを仮定し，パラメータを推定し，帰無モデルからは到底存在できないような異常部分を発見することで検知する手法もある[130]．しかし，ランダムグラフモデルは複雑ネットワークであることが多い現実のネットワークを表現する上ではうまくいかない．その点を加味しスケールフリーネットワークに対応できるものとした例としては Hooi[131] の研究が挙げられる．

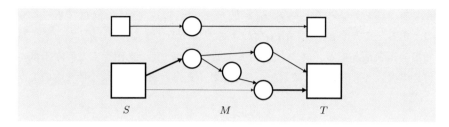

図 2.5　FlowScope の概念図

異常なパス検知：前述の密なサブネットワークの検知は密につながりが発生
しているネットワークの一部分は検知することはできるかもしれないが，不自
然に発生しているパスを見つけ出すことはできない．例えば前述の通り送金
ネットワークにおいてはどこかの出発ノードから始まり，現金としておろすこ
とができるターゲットの口座に短期間で取りこぼしがないように送金する必要
がある．こうしたものは密なサブネットワーク検知では検知することができな
い．ここでは異常なパス検知の例として **FlowScope**[132] を紹介する．これ
らの先行研究はチェコスロバキアの銀行から実際の送金データを入手し，本当
にマネーロンダリングだとわかっている例を用いてアルゴリズムを検証してい
るという点でも興味深い．

　FlowScope では口座を送り元の口座（S とする），真中の口座（M とする），
受取口座（T とする）の 3 つに分ける．通常，送金ネットワークでは自行内の
口座以外はやりとりを全て監視することはできない．また，往々にして外側か
らくる送金が自行内を経てまた外側の口座に送られることが多い．つまり，S
を自行ネットワークに対して送金がある外部の口座とし，M を自行内の口座と
し，T を自行内から外側に出ていった先の口座とする．簡単に取りこぼしがな
いように送金されているパスを見つけるには S から巨額の送金が M の中に入
り，それが直ちに T に流れたものである．しかし，実際の送金は図 2.5 のよう
に複数ステップを経ることや複数口座に分割して送金することも考えられる．
こうしたカモフラージュを考慮した上での異常なパスを検知する必要がある．

　FlowScope は自行ネットワークに入るときと出るときは高額の送金が行わ
れることと，間の口座になるべくお金を残さないことに注目してマネーロンダ
リング異常スコアを定義した．定義を導くためにいくつか記法を導入する．あ

るマネーロンダリングパスの候補を $U = s \cup m_1 \cup \cdots \cup m_{k-1} \cup t$ で書けるものとする．ここで $s \in S$, $m_l \in M$, $t \in T$ である．また，e_{ij} を i から j に対しての送金額とする．パス U に対して送金ネットワーク内をたどる際の重み付き出次数と重み付き入次数とパスを流れる送金の最大値，最小値を次のように表す．

$$d_i^+(U) = \sum_{j \in m_{l+1} \cap (i,j) \in E} e_{ij},$$

$$d_i^-(U) = \sum_{k \in m_{l-1} \cap (k,i) \in E} e_{ki}.$$

$$f_i(U) = \min\{d_i^+(U), d_i^-(U)\}, \quad \forall i \in m_l,$$

$$g_i(U) = \max\{d_i^+(U), d_i^-(U)\}, \quad \forall i \in m_l.$$

これらを用いて k 部サブネットワークに対するマネーロンダリングスコアを次のように定義する．

$$h^k(U) = \frac{1}{|U|} \sum_{l=1}^{k-2} \sum_{i \in m_l} f_i(U) - \lambda(g_i(U) - f_i(U)).$$

ここで $f_i(U)$ は S から T に流れる送金の中で真中の口座に入る送金の最大値である．$g_i(U) - f_i(U)$ は残りのお金である．この残存のお金に関してはできる限り 0 にしたいものなのであるが，銀行側の検知を避けるためのカモフラージュとして残すことが考えられる．

FlowScope はこの $h^k(U)$ を極大化できるようなノードの集合 U を探すことである．まず，極大化するためにいくつの k 部サブネットワークに注目するかを決め，まずノードの消去の順番を

$$w_i(U) = \begin{cases} f_i(U) - \frac{\lambda}{1+\lambda} g_i(U), & \text{if } i \in m_l \\ d_i(U), & \text{if } i \in S \cup T \end{cases}$$

と定める．ここで $d_i(U)$ はノード i の次数である．初期状態では全てのノード U に入れ，重み w_i が最も小さいノードから外していく．除去したノードとつながっているノードは重みが変わることになるので更新し，次に最も重みの低いノードを除去する．これを S, M, T のいずれかが空になるまで繰り返す．こ

の方法で繰り返しているうちに最も $h(U)$ が高かった U を解答とする．これ
をいくつかの k に対して計算し最も h が高いものを最終的な解答とする．こ
の方法は一見アドホックな極大化法に見えるが，理論的に正しい解答を得られ
ることが示されている[132]．少し統計ネットワークの話題からはそれてしまっ
たが，こういう応用的に興味深いモデルがあることも覚えておきたい．

グラフニューラル
ネットワーク

3

本章ではノード埋め込みから出発し，グラフニューラルネットワークの基本モデルであるグラフ畳み込みネットワークとグラフトランスフォーマーについて解説する．次にグラフ生成のモデルを紹介し，動的リンク予測モデル，グラフニューラルネットワークの事前学習，xAI についても簡単に触れる．最後に異質情報ネットワークやナレッジグラフについても簡単に説明する．

3.1　ノード埋め込み

自然言語処理における**単語埋め込み**とは単語を意味情報を反映した数値ベクトルで表現する枠組みのことである．単語を埋め込むことによって例えば network と graph の方が network と caramel よりも意味的に近いというように数量評価が可能になる．こうした数量表現は機械による文書理解に大いに役立ち，ブームの火付け役となった Mikolov の論文[133] が発表されて以降，自然言語処理はすっかり深層学習の手法が席巻するようになった．

単語埋め込みを学習する最も初等的な方法は Mikolov の論文[133] の中で紹介されているスキップグラム（skip gram）モデルである．スキップグラムでは学習したい単語埋め込みを入力とし，その周辺の単語の埋め込みを出力としてモデル化する．例えば "We were so delighted to see him again." という文があった際に so というターゲットとなる単語とその周囲の単語群との間にニューラルネットワークモデルを構築する．具体的には訓練データ中の単語に対して

$$L := \frac{1}{T} \sum_{t=1}^{T} \sum_{-c \leq j \leq c, j \neq 0} \log \frac{\exp(Y_{w(t+j)}^{\top} Z_{w(t)})}{\sum_{v=1}^{V} \exp(Y_v^{\top} Z_{w(t)})} \tag{3.1}$$

を極大化することで埋め込みを獲得する．ここで $Z_{w(t)}$ は文中の t 番目の単語

埋め込み，Y は出力側の重み行列，V は総単語数，T は総訓練データ数である．この平均対数確率を極大化することで埋め込みを獲得する．

　同様の発想はネットワークにおけるノード埋め込みを獲得する際にも応用できる．ネットワーク $G = (V, E)$ におけるノード埋め込みとは全てのノード $i = 1, \ldots, N$ に対して d 次元表現を得る関数

$$f : v_i \to x_i \in \mathbb{R}^d \tag{3.2}$$

を学習する問題である（$d \ll N$）．特筆すべきはこの関数を学習しようとする枠組み自体は第 2 章で扱った潜在空間モデルと特に変わりはない．違いは単語埋め込み同様に深層学習の発想をベースにして同じ問題を捉え直すことにある．

　ノード埋め込みの最初期の論文は Mikolov の論文[133] の翌年に発表された **DeepWalk**[134] である．文は系列データであるからターゲットと周囲の単語のペアを作る方法は自明であるが，ネットワークにおいては少し工夫が必要になる．DeepWalk ではあるノードからランダムウォークを開始した際に得られたデータ系列 $S = (v_1, \ldots, v_S)$ を用い，ターゲットとなるノード埋め込みをその真中の v_i として，残りの $V_S = (v_{i-T}, \ldots, v_{i-1}, v_{i+1}, \ldots, v_{i+T})$ を周囲のノードとすることで同様の極大化問題を構成する．こうして作成したターゲットノードと周囲のノードのペアに対してスキップグラム同様に平均対数確率（式 (3.1)）を極大化しノード埋め込みを学習する．

　DeepWalk の弱点はランダムウォークに基づいてノード系列を構成するためネットワークをたどっているうちに深さ優先探索のように遠いノードまでたどり着いてしまうことである．第 1 章のコミュニティ抽出のようにコンテキストノードは深さ優先探索よりは幅優先探索で集めたノードの方がふさわしい可能性がある．そのため **Node2Vec**[135] では，通常のランダムウォークとは別に確率 $\frac{1}{p}$ で元いたノードに戻り，確率 $\frac{1}{q}$ で最短経路長が 2 の新たなノードに飛ぶことができるようにランダムウォークを修正している．

　これらの単純なモデルは隣接行列の行列分解によって得たノード埋め込みとさほど変わらないことがわかっている[136]．具体的にノード埋め込み間の相似度を表した行列を次のように定義したとする．

$$S_{\text{deepwalk}} := \log \left(\text{vol}(A) D^{-\frac{1}{2}} \left(U \left(\frac{1}{T} \sum_{t=1}^{T} \Lambda^t \right) U^\top \right) D^{-\frac{1}{2}} \right) - \log(b).$$

ここで $\text{vol}(A) := \sum_{i=1}^{N} \sum_{j=1}^{N} A_{ij}$, T はランダムウォーク系列の幅, $U\Lambda U^\top$ は単位行列（I）から正規化ラプラシアン（$L := I - D^{-\frac{1}{2}} A D^{-\frac{1}{2}}$）を引いたものの固有値分解を表したもの, b は訓練データにはない負例をサンプリングするときに用いるパラメータである. このノード間の相似度は DeepWalk によって獲得されたノード埋め込み表現によって得られるノード間の相似 $ZZ^\top$ と近いことがわかっている. つまり DeepWalk はスペクトルに注目した行列分解と似たことを行っている. 同様の議論は Node2Vec に対しても展開できる[136]. つまり簡単なニューラルネットワークモデルを用いてノード埋め込みを獲得してもそれは第 1 章や第 2 章で解説したモデルと比較しても大差はない. むしろ第 2 章の潜在空間モデルは潜在変数以外の特徴量を考慮でき, 戦略的生成モデルであれば各プレーヤー（ノード）の効用最大化行動をモデル化できる. そのため解釈性の観点からはそれらのモデルの方が上回っているかもしれない. これら初等的なモデルの表現力の問題を解決するのではないかと近年注目を集めているのが**グラフニューラルネットワーク**（Graph Neural Network, 以下 GNN）である.

3.2　グラフ畳み込みネットワーク

3.2.1　局所隣接集約関数

DeepWalk や Node2Vec の限界は式 (3.2) に表れているように各ノードに対して辞書的に埋め込み表現を定義していることにある. この定式化によってノード数に比例してパラメータ数が増えてしまいモデルに無駄が多くなる. また, 両モデルは訓練時に存在しないノードの表現を得ることも困難である. 自然言語処理では膨大なテキストデータを用いて訓練すれば一度も訓練したことはない単語は極めて少なくなるかもしれないが, ネットワークにおいては訓練データにはなかったノードのラベルを予測しなければいけない状況はよく生じる.

　式 (3.2) の限界を超える方法の 1 つとして挙げられるのが図 3.1 のようにネットワーク構造を用いて隣接するノードの埋め込みの関係性を定式化することである. 第 1 章でも見た通りつながりが強いもの同士は同じコミュニティに

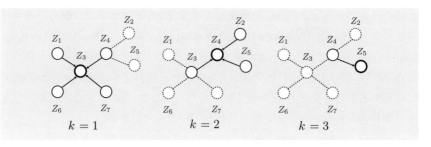

図 3.1 ネットワーク構造を用い逐次的に情報更新する様子. 太字
の丸が更新対象のノード, 実線が隣接ノード, 破線は情報
更新の際に使用されないノード.

所属するし, 第 2 章で見た通り潜在空間上でも近い表現になる. この性質に注
目するとネットワーク上の局所構造 (つながり) を用いてノード埋め込み同士
の関係式を記述すればパラメータ数は減りそうである.

ネットワークの局所構造に注目し隣接ノード同士の情報を更新する関数
のことを Hamilton [137] にならい**局所隣接集約関数 (local neighborhood
aggregation function)** と呼ぶ. 図 3.1 に表したように初期時点から始め,
局所隣接集約関数を繰り返し用いることでベクトルを収束させていき, ノード
埋め込みを獲得する. 局所隣接集約関数は一般的には次のように書ける.

$$Z_i^{k+1} = f^{k+1}\left(Z_i^k, g\left(\{h^{k+1}(Z_j^k | j \in \mathrm{Ne}(i))\}\right)\right). \qquad (3.3)$$

ここで f と h はニューラルネットワークによってモデル化される非線形関数,
g は並び替えに対して置換不変な関数, $\mathrm{Ne}(i)$ は i の隣接ノードである. g に
置換不変関数を用いるのは隣接ノードの投入順に関数の値が変わることを防
ぐためである. 置換不変関数の例としては総和, 積算, 最大値が挙げられる.
式 (3.3) のようにネットワークのつながり情報を元に情報を集約するモデルを
空間型と呼び, 後述するようにスペクトル分解から動機づけられるモデルを**ス
ペクトル型**と呼ぶ. スペクトル型に関しては 3.2.2 項で説明するとしてここで
はまず空間型に焦点を当てる.

図 3.1 や式 (3.3) のような情報更新はネットワーク上の拡散のように力学系
として定式化し, その不動点をノード埋め込みにする**グラフ再帰型ネットワー
ク (graph recurrent networks)** とあくまで DeepWalk のようにノード

とその周辺のノードとの対応関係をつくり情報を集約する**グラフ畳み込みネットワーク**（**Graph Convolutional Network**，以下 GCN）に分けられる．2010 年頃に発表された GNN の草分け的な論文はグラフ再帰型ネットワークである[138],[139]．しかしグラフ再帰型ネットワークはノード埋め込みが数値的に発散することを防ぐために工夫が必要だったため，2017 年以降のものはグラフ畳み込みネットワークをベースにしているものが多い．

　本節では GCN[140] を紹介する．GCN では f, g, h を次のように定義する．

$$\begin{cases} h^{k+1}(Z_j^k) = \widehat{L}_{ji} Z_j^k, \\[2mm] g(\{h^{k+1}(Z_j^k) | j \in \mathrm{Ne}(i)\}) = \sum_{j \in \mathrm{Ne}(i)} \widehat{L}_{ji} Z_j^k, \\[2mm] f^{k+1}\left(Z_i^k, \sum_{j \in \mathrm{Ne}(i)} \widehat{L}_{ji} Z_j^k\right) = \sigma\left(W^k \sum_{j \in \mathrm{Ne}(i)} \widehat{L}_{ji} Z_j^k\right). \end{cases} \tag{3.4}$$

ここで $\widehat{L} := \widehat{D}^{-\frac{1}{2}} \widehat{A} \widehat{D}^{-\frac{1}{2}}$（$\widehat{A} = A + I$，$\widehat{D}_{ii} = \sum_j \widehat{A}_{ij}$），$W$ は重み行列，σ は非線形活性化関数である．また，多くの場合 $k = 0$ に関しては各ノードの特徴量 X_i を用いそのまま $f^1(X_i) = X_i$ とすることや

$$f^1(X_i) = \sigma(W^0 X_i + b^0)$$

と非線形変換を挟むこともある．行列表現で書き直すと式 (3.4) は

$$Z^{k+1} = \sigma(W^k \widehat{D}^{-\frac{1}{2}} \widehat{A} \widehat{D}^{-\frac{1}{2}} Z^k)$$

となる．正規化ラプラシアン $L = I - D^{-\frac{1}{2}} A D^{-\frac{1}{2}}$ ではなく $\widehat{L}$ とわずかに変形した形を用いるのは数値的不安定性を回避するためであり，本質的には正規化ラプラシアンと変わらない[140]．ここで正規化ラプラシアンが出てきたことからもわかる通り GCN は空間型のモデルとあると同時にスペクトル型のモデルでもあり DeepWalk や Node2Vec と同様にスペクトル分解とも深いつながりがある[141]．

　GCN は適切な損失関数を定義することでパラメータを訓練できる．例えば教師なし学習として扱う場合は次のようにノード間にエッジがあるかどうか予測するリンク予測問題として損失関数を定義する[142]．再構成損失として定義する場合は

$$L_{\text{link}} = \sum_{(i,j) \in E} ||Z_i - Z_j||^2$$

となり，確率的に構成する場合は次の通りになる．

$$p_{\text{link}}((i,j) \in E | Z_i, Z_j) = \text{Sigmoid}(Z_i^\top Z_j).$$

ここで Sigmoid はシグモイド関数[♠1]である．第 2 章の潜在空間モデルのところでも説明した通りこれらの式は無向ネットワークを対象にしており，有向の場合にも拡張できる．

これらの損失関数はそれだけで用いることもあるが，半教師あり学習のように教師信号と併用して使うことが多い．教師あり学習の例としてはノードごとに企業の産業分類などラベルが付与されている状況が挙げられる．この場合はノードラベルを予測できるようにノード埋め込みを訓練する．

リンク予測やノードラベル予測を行う際，テストデータとして使用するノードの訓練時による扱いによって，学習シナリオを区別することがある．具体的には，訓練時にテストデータのノード埋め込みを更新しつつ，訓練時の損失評価にはテストノードのラベルを使用しない学習シナリオをトランスダクティブ学習と呼ぶ．一方，訓練時にテストノードとつながっている全エッジを訓練ネットワークから除外し，テストデータのノード埋め込みを訓練時には更新しない学習シナリオをインダクティブ学習と呼ぶ．後者の場合はノード特徴量とつながりの情報からノード埋め込みを計算できるように学習すればテストデータにおいてもノードラベルを予測することが可能になる．

3.2.2 スペクトル型の GCN

スペクトラルグラフ理論とは隣接行列やラプラシアンの固有値分解を軸にしたネットワーク分析手法のことである．例えば無向ネットワークの正規化ラプラシアン（定義は第 1 章参照）は半正定値行列であるため次のように固有値分解できる．

$$L = U \Lambda U^\top.$$

固有値分解なので U は直交する基底になる．これを用いることでノード埋め

[♠1] $\text{Sigmoid}(x) := \frac{1}{1+e^{-ax}}$ で定義される関数．

込み表現を

$$\widehat{Z} = U^\top Z,$$
$$Z = U\widehat{Z}$$

と直交空間に変換したり元の空間に再変換したりすることができる．この操作を**グラフフーリエ変換**と呼ぶ．グラフフーリエ変換の発想を用い次のようなグラフ畳み込み関数を定義できる．

$$\mathrm{GraphConv}(Z, g) = U g_\theta U^\top Z.$$

ここで g_θ は行列である．この g_θ を対角行列（$g_\theta \in \mathbb{R}^{N \times N}$）で表したものが Bruna [143] のモデルである．しかし，これはノード数だけのパラメータを訓練する必要がある点，固有値分解にそもそも $O(N^3)$ の時間計算量がかかる点など実用的ではない．

そこで出てきたのが **ChebNet** [144] である．ChebNet では Chebychev 多項式

$$T_k(x) = 2x T_{k-1}(x) - T_{k-2}(x),$$
$$T_0(x) = 1, \quad T_1(x) = x$$

を用い，グラフ畳み込みを次のように近似する．

$$\mathrm{GraphConv}(Z, g) := U g_\theta U^\top Z \sim \sum_{k=0}^{K} \theta_k T_k(\widehat{L}) Z.$$

ここで $\widehat{L} = \frac{2}{\lambda_1} L_{\mathrm{norm}} - I$，$\lambda_1$ は L_{norm} の最大固有値，$\theta \in \mathbb{R}^K$ である．ChebNet ではノード数 N ではなく定数 K でノード埋め込みを表現しており計算量を大幅に減らすことができる．

ChebNet においてもう 1 つ特筆すべき点がある．$\lambda_1 = 2$，$K = 1$ と仮定した場合

$$\mathrm{GraphConv}(Z, g) := \theta_0 Z + \theta_1 (L_{\mathrm{norm}} - I) Z = \theta_0 Z - \theta_1 D^{-\frac{1}{2}} A D^{-\frac{1}{2}} Z$$

となり，さらに $\theta = \theta_0 = -\theta_1$ とおくと

$$\text{GraphConv}(Z, g) := \theta(I + D^{-\frac{1}{2}} A D^{-\frac{1}{2}})Z$$

となる．ここまでくれば後は数値的安定性を確保するために少し式変形すれば GCN と同等になる（$\widehat{A} = A + I$, $\widehat{D}_{ii} = \sum_j \widehat{A}_{ij}$）．つまり <u>ChebNet は GCN</u> <u>を高次化したものと見ることができる</u>．このことが GCN は空間型であると同時にスペクトル型でもあるといわれる理由である．

スペクトル型に対して空間型の方が計算量が低く，直観的に理解しやすいためモデルとしては空間型の方が多い（Zhang[145] の表 4 や Wu[146] の表 2 を参照されたい）．また実データの場合はネットワーク全体の情報を漏れなく獲得することが難しいため，そもそも局所構造に注目した方が効率が良いという事情もある．

3.3 グラフ畳み込みネットワークの拡張

3.3.1 アテンションとサンプリング

式 (3.3) を軸に GCN を拡張する方法を紹介する．アテンション構造[147] とは入力信号を平等に扱わず重要な部分とそうでない部分をスコア付けして見分ける仕組みのことである．自然言語処理や画像処理で既に成功を収めているこの仕組みをネットワークでも応用し，隣接ノードからの情報を集約する時に重要視するノードとそうでないノードを峻別することがある．**Graph Attention Networks**（GAT）[148] ではアテンションスコアを

$$\alpha_{ij} := \frac{\exp(\text{LeakyReLU}(a^\top [W z_i; W z_j]))}{\sum_{l \in \text{Ne}(i)} \exp(\text{LeakyReLU}(a^\top [W z_i; W z_l]))}$$

として定義し，

$$Z_i^{k+1} = \sigma \left(\sum_{j \in \text{Ne}(i)} \alpha_{ij} W Z_j^k \right) \tag{3.5}$$

を用いノード埋め込みを更新する．ここで，";" は結合操作を表し，σ は非線形活性化関数，LeakyReLU は

$$\text{LeakyReLU}(x) := \begin{cases} x & x \geq 0 \\ ax & x < 0 \end{cases}$$

で定義される活性化関数である．ここで a は定数である．式 (3.5) は

$$
\begin{cases}
h^{k+1}(Z_j^k) = W Z_j^k, \\
g(\{h^{k+1}(Z_j^k) | j \in \mathrm{Ne}(i)\}) = \displaystyle\sum_{j \in \mathrm{Ne}(i)} \alpha_{ij} W Z_j^k, \\
f^{k+1}\left(Z_i^k, \displaystyle\sum_{j \in \mathrm{Ne}(i)} \alpha_{ij} W Z_j^k\right) = \sigma\left(\displaystyle\sum_{j \in \mathrm{Ne}(i)} \alpha_{ij} W Z_j^k\right)
\end{cases}
$$

と書き下せることから式 (3.3) の一例であることも確認できる．アテンションスコアは深層学習の説明可能性とも深く関連する手法である．また，GAT では自然言語のモデル同様に複数のアテンションスコアを定義する **multi headed attention** [147] を用いることを推奨している．

　隣接ノードからの情報を集約する際に次数が高すぎると計算量が非常に多くなってしまう．この問題について例えば **GraphSAGE**（Graph SAmple and aggreGatE）[149] ではノードごとに全ての隣接ノードを使うのではなく定まった数の隣接ノードをサンプリングすることを提案している．これに対して **FastGCN** [150] ではノードに対して重みを定義しサンプルする方法を提案している．具体的に GCN

$$
Z^{k+1} = \sigma(\widehat{A} Z^k W^k), \quad k = 0, \dots, M-1
$$

に対してその損失は

$$
L := \frac{1}{n} \sum_{i=1}^{n} g(Z^M(i, :)) \tag{3.6}
$$

と書ける．ここで $\widehat{A}$ は規格化した隣接行列，Z^k は k 層におけるノード埋め込みの行列，W^k はパラメータ，g は損失の評価に使う関数である．

　$P(i)$ をノードの分布とし，仮に k 層において t_k 個のノードを一様分布 P から独立同一にサンプルし $(u_1^k, \dots, u_{t_k}^k \sim P)$，バッチを作ると式 (3.6) は次のように近似できる．

$$Z^{k+1}(i,:) = \sigma \left(\frac{n}{t_k} \sum_{j=1}^{t_k} \widehat{A}(i, u_j^k) Z^k(u_j^k,:) W^k \right), \quad k = 0, \ldots, M-1,$$

$$L_{\mathrm{batch}} := \frac{1}{t_M} \sum_{i=1}^{t_M} g(Z^M(u_i^M,:)). \tag{3.7}$$

式 (3.7) のように各層において一様にノードをサンプリングすると損失の推定量の分散が高くなることがわかっている．そのため FastGCN は各層共通で次のように P を定めることを提案している．

$$p(i) = \frac{\|\widehat{A}(:,i)\|^2}{\sum_{j=1}^{N} \|\widehat{A}(:,j)\|^2},$$

$$Z^{k+1}(i,:) = \sigma \left(\frac{1}{t_k} \sum_{j=1}^{t_k} \frac{\widehat{A}(i, u_j^k) Z^k(u_j^k,:) W^k}{p(u_j^k)} \right),$$

$$u_j^k \sim p, \quad k = 0, \ldots, M-1.$$

3.3.2 過平滑化と残渣接続

深層学習モデルである以上，GCN の層の数を増やし，より深層モデルにしたらどうなるかと考えることは自然な発想である．しかし，層の数を増やして，例えば 1 ホップの隣接ノードだけではなく 2 ホップや 3 ホップの隣接ノードを含めたモデルにすると**過平滑化**と呼ばれる現象が起きることが経験的によく知られている．過平滑化とは情報を集約する範囲が拡がれば拡がるほどノイズにしかならない情報が増えていき，結果としてノード埋め込み間の区別がつきづらくなる現象のことである[♠2]．過平滑化に関しては理論的な解析も進んでおり層の数が増加するに従ってノード埋め込みの差異は指数的に減少していくことを示すこともできる[152], [153]．

GCN のこうした傾向は経験的には早い時点から知られており GCN の元論文[140] では残渣をモデル化することを試みている．

$$Z^{k+1} = \sigma(W^k \widehat{D}^{-\frac{1}{2}} \widehat{A} \widehat{D}^{-\frac{1}{2}} Z^k) + Z^k.$$

♠2 Chen[151] の図 1 によると Cora の引用ネットワークデータでは層の数を 3 以上にするとノード分類タスクにおける精度が急激に落ちることを報告している．

この発想は画像処理における ResNet から着想を得たものである．近年の研究としては，Chen ら[154] は次式のように残渣接続をさらに工夫した方法を提案している．

$$Z^{k+1} = \sigma\left(\left((1-\alpha_k)\widehat{D}^{-\frac{1}{2}}\widehat{A}\widehat{D}^{-\frac{1}{2}}Z^k + \alpha_k Z^0\right)\left((1-\beta_k)\boldsymbol{I}_n + \beta_k W^k\right)\right).$$

このモデルは層の数が増えるに従ってパフォーマンスが向上していくことが実証的に確認されている．

　他の方法としては深層学習のドロップアウト同様に情報を集約するときのエッジをランダムに切断する**ネットワーク疎化**の手法が挙げられる．これをランダムに行ったのが Rong[155] の Drop Edge と呼ばれる手法である．一見すると簡単に見えるが過平滑化をある程度防げることがわかっている．他にもタスクに関連するエッジを残せるようにモデルの学習を進める Zheng[156] の研究もネットワーク疎化のモデルに分類される．

3.3.3　グラフプーリング

　一般的にプーリングとは深層学習モデルから重要な情報を抽出するときに使う手法である．例えば画像処理においては図 3.2 (a) のように画像を均等なグリッドに分割しその中の最大値や平均値をそのグリッドの代表にすることがある．こうした操作は畳み込みニューラルネットワークにおける基本的な操作である．それに対して**グラフプーリング**とは図 3.2 (b) のように元のネットワーク（$G = (V, E)$）をコミュニティレベルのネットワーク（$G' = (V', E')$）やネットワーク全体の埋め込みに集約していく方法のことを指す．第 2 章で紹介した Nested SBM とアイデアとしては似ている．違いは，多くの場合は階層化されていく様子に関心を持つというよりネットワーク全体の埋め込みを用いネットワークに付与されているラベルを予測することを目標にしていることが多い点である．

　グラフプーリングの操作は局所隣接集約関数同様に (1) 選択（selection），(2) 削減（reduction），(3) 結合（connection）の 3 ステップに分けることができる[157]．図 3.2 (b) において (1) の選択とは，丸で描いた元のネットワークのノードを破線でくくったブロックに分けるステップのことである．(2) の削減とは破線で囲った丸で表されているノード埋め込みを集約し，2 層目の四角

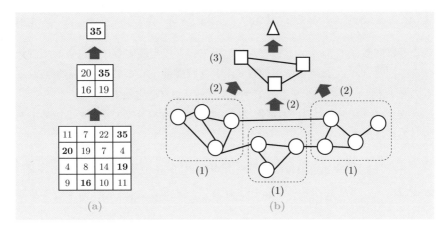

図 3.2　画像処理とネットワークにおけるプーリングの比較.

形のノードの埋め込みを作ることである．最後に (3) の結合とは丸のエッジ情報を用いて2層目にエッジの情報を集約化する操作に対応する．2層から3層に集約していく部分も同様の操作で説明できるが，ネットワーク全体の埋め込みを作るステップはグローバルプーリングや**リードアウト関数**など別名で呼ばれることもある．また直接的にネットワーク全体を埋め込むグローバルプーリングに対して図 3.2 (b) は階層的プーリングと呼ばれることもあるが，本書ではグラフプーリングと単に呼ぶ．

　グラフプーリングの一例として **Differentiable Pooling**（以下，Diff-Pool）[158] を説明する．元のネットワーク層を $l = 0$ とし，上の層にいくたびに l の値は増えていくものとする．層ごとのノードのブロック割り当てを $S^l \in \mathbb{R}^{N_l \times N_{l+1}}$ とし最終層の1つ下（S^{L-1}）では全要素が同じ値をとるベクトルになる．層ごとの隣接行列は A^l で表されるものとする．A^0 はネットワークの隣接行列そのものに対応し，$A^{l \geq 1}$ については図 3.2 (b) で表したようなブロック同士の隣接行列を表すものになる．層ごとのノード（ブロック）埋め込みは X^l で表す．X_0 はノード特徴量がある場合は特徴量そのもので，$l = 1$ 以上の X^l については層ごとのブロック（図 3.2 (b) でいうなら四角形や三角形）の埋め込みを表すものとする．X^l とは別に層ごとにおけるノード埋め込み Z^l も定義する．Z^l は

$$Z^l = f_{l,\text{emb}}(A^l, X^l) \tag{3.8}$$

のように関数 $f_{l,\text{emb}}$ をニューラルネットワークで定義することによって計算する. Z^0 については元の隣接行列 (A^0) と特徴量 (X^0) によって計算されるものとする. 以上の表記をもってグラフプーリングを定義する.

グラフプーリングにおける選択は層 l のブロック割り当てを定めるものである. これは次のように書く.

$$S^l = f_{\text{select}}(A^l, X^l) = \text{Softmax}(f_{l,\text{pool}}(A^l, X^l)).$$

ここで $\text{Softmax}(x_i) := \frac{\exp(x_i)}{\sum_{j=1}^{N_{l+1}} \exp(x_j)}$ である. つまり最下層のコミュニティ割り当て (S^0) は元の隣接行列 (A^0) とノードの特徴量 (X^0) によって計算される. 同様に式 (3.8) を用いて層ごとにおけるノード埋め込み Z^0 も計算する.

グラフプーリングにおける削減のステップとは 1 つ上の層におけるコミュニティ (スーパーノード) の埋め込みを計算することである. これは選択によって定めたブロック割り当てを用いることで計算できる. DiffPool においては具体的には次のように計算される.

$$X^{l+1} = f_{\text{reduce}}(S^l, Z^l) = (S^l)^\top Z^l \in \mathbb{R}^{N_{l+1} \times d}.$$

グラフプーリングにおける最後のステップは結合である. 1 つ下の層の隣接行列とノードのブロック割り当て (S^l) を用いることで次のように表現される.

$$A^{l+1} = (S^l)^\top A^l S^l \in \mathbb{R}^{N_{l+1} \times N_{l+1}}.$$

DiffPool において A^0 以外の隣接行列は基本的に密行列になることには注意が必要である. また, 選択におけるブロック数は事前に与えるものとする (該当層におけるノード数の 10% など). 以上の操作によって DiffPool はグラフプーリングを達成する.

モデルのパラメータは最後のネットワークの埋め込み情報からネットワークのラベルを予測する教師あり学習を構成することで訓練する. しかし, ノードラベルを予測対象にしている GCN のときとは違いネットワークごとに付与されているラベル (分子構造に対する分類) だけでは DiffPool の全てのパラメータを十分に訓練できないことがある. そのため DiffPool [158] では層ごとにリ

ンク予測の損失関数

$$L_{\text{link}} = ||A^l - S^l(S^l)^\top||_F$$

を最小化し,層ごとのコミュニティ割り当てが極力 1 つになるようにエントロピー（H）

$$L_{\text{entropy}} = \frac{1}{N} \sum_{i=1}^{N} H(S_i)$$

も最小化することを提案している.ここで $||A||_F = \sqrt{\sum_{i=1}^{N} \sum_{j=1}^{N} |A_{ij}|^2}$（フロベニウスノルム）である.実装時にはネットワークごとのラベルの予測誤差に加え層ごとの L_{link} と L_{entropy} を加えた損失関数を最小化している.DiffPool の問題は層ごとの隣接行列は $A^{l \geq 1}$ が密行列になることである.A^0 が小規模なネットワークであればよいが,ノード数が 10^6 である A^1 において 10% に削減したとしてもノード数は 10^5 であり,密行列となると要素数は 10^{10} になる.そのため計算環境によっては訓練できないことがあり注意が必要になる.

その他のグラフプーリングの手法も基本的には選択,削減,結合のステップの枠組みで捉えることができる.主な違いは選択の部分のモデル化である[157].また DiffPool がブロック数を事前に定めたのに対して Nested SBM 同様に柔軟に推定する方法もあるが,執筆時点で精度が高いのはブロック数を事前に定めたモデルである[157].また,DiffPool において $A^{l \geq 1}$ が密行列になることを修正した論文としては **Top-K プーリング**[159] が挙げられる.こうしたモデルは計算量の観点から重要な論文であるが,精度が犠牲になっておりまだ改善が必要である[157].

3.3.4 有向ネットワークのモデル

GCN と似た形で有向ネットワークに拡張したモデルもある.有向ネットワークのランダムウォークの遷移行列をエッジの順方向と逆方向に対してそれぞれ

$$P_f = \frac{A}{\text{rowsum}(A)}, \quad P_b = \frac{A^\top}{\text{rowsum}(A^\top)}$$

と定義する.ここで rowsum(A) と $D_b = \text{rowsum}(A^\top)$ はそれぞれ行ごとに総和をとったものである.遷移行列はべき乗にすることで複数ステップのランダ

ムウォークの行き先を計算することができる．このことを利用して **Diffusion Convolution Recurrent Neural Network** (以下，DCRNN)[160] では次のようにモデルを定義している．

$$Z = \sum_{k=0}^{K} P_f^k W_{fk} X + \sum_{k=0}^{K} P_b^k W_{bk} X. \tag{3.9}$$

ここで $X \in \mathbb{R}^{N \times D}$ は特徴量，W_{fk} と W_{bk} は重みである．仮に無向ネットワークを定義するときは $D_f = D_b$ とすればよく，そうした場合はラプラシアンの定義に少し違いがあるものの ChebNet（$K = 1$ の場合 GCN）とほぼ同形になる[160]．そのため GCN の自然な拡張と見ることができる．DCRNN は交通ネットワークを対象にしたモデルであり，将来時点における交通量の予測を目的としている．

　こうした所与のネットワークを用いるだけでなく同時に潜在的なネットワークを推定するモデルもある．**Graph WaveNet**[161] では式 (3.9) を

$$Z = \sum_{k=0}^{K} P_f^k W_{fk} X + \sum_{k=0}^{K} P_b^k W_{bk} X + \sum_{k=0}^{K} P_a^k W_{ak} X$$

と拡張し P_a を

$$P_a = \mathrm{Softmax}(\mathrm{ReLU}(E_1 E_2^{\top}))$$

と潜在表現を用い定義している．ここで $E_1, E_2 \in \mathbb{R}^{N \times c}$ であり，それぞれのソースノードとターゲットノードの低次元埋め込みを表現する．ここで学習した潜在ネットワークは高速道路の存在など所与のネットワークでは捉えきれない地点同士の相関を捉えるためのものと理解することができる．Graph WaveNet は交通量予測に関して精度が高いモデルとして有名である[162]．

3.4　構造的埋め込み

　Node2Vec や GCN によって得られたノードの埋め込みは，ネットワーク内のノードの近接性を表すものと考えられる．この観点から，これらの手法は**位置的埋め込み**（positional embedding）と呼ばれることがある[163]．しかし，ネットワーク分析では，近接性だけではなくネットワーク内でのノード

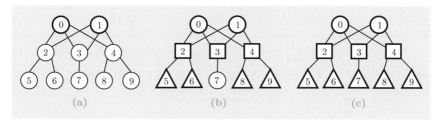

図 3.3 構造的等価性の種類

の役割に焦点を当て，ノードの類似性を判断することが重要である．ネット
ワーク内の役割を捉えるためのノード埋め込みを目指す手法は**構造的埋め込み**
（structural embedding）と呼ばれる．位置的埋め込みは異なるネットワーク
や異なる連結成分間での比較には使用できないものであるのに対して，構造的
埋め込みはハブノードや媒介中心性が高いなどノード役割に関連する埋め込み
を提供するため，異なるネットワークや連結成分間の比較にも適用可能である．

　構造的埋め込みが機能するためには，2 つのノードが同じ局所的ネットワー
ク構造を持つ場合に同じ埋め込みを持つ必要がある．これにより，ネットワー
ク内のノード間の構造的な類似性を捉え，ノードの役割や機能を反映するこ
とが期待される．この節では，まず同じ局所的ネットワーク構造とは何かを
明確にするため，Lorrain[164] と Jin[163] に従い，構造的等価性（structural
equivalence）を「構造的・近接的（structural, proximity-based）」，「自己同
型的（automorphic）」，「正則的（regular）」の 3 つに分類する．

　図 3.3 に各等価性を示す．図 3.3 (a) でわかるように，2 つのノードが近接
的に等価とは，同じノードと同じリンク構造を持つ場合を指す．この近接的等
価性は，位置的埋め込みがノード埋め込みを得る際に使用する情報でもある．
そのため，位置的埋め込み手法は近接的等価性を十分に捉えることが可能であ
る．一方，図 3.3 (b) は自己同型的等価性を示している．2 つのノードが自己
同型的に等価であるということは，自己同型グラフにおいて区別がつかないと
いうことである．2 つのノードが自己同型的に等価であるということは，一方
のノードから他方への自己同型グラフ（同じグラフ内の同型写像）が存在する
場合に限られる．ノード番号 5, 6, 8, 9 は位置的には近接していないが，この
基準を満たすため等価と見なされる．最後に，図 3.3 (c) は正則的等価性を示

す．2 つのノードが正則的に等価であるということは，同等のノードに対して似たようにつながっている場合である．図の例では四角のノード 2, 3, 4 が丸や三角のノードとつながっているため等価とされる．詳細は Jin[163] の図 6 に掲載されているが，位置的埋め込みは位置的等価性には強いものの，残りの等価性に関してはパフォーマンスが著しく低下する．

3.4.1 Struct2vec

構造的埋め込みを獲得する最も初歩的なアプローチとしては，各ノードの 1 ホップ，2 ホップの次数を数え上げ，それをベクトル化する方法や，中心性指標を用いる方法がある．これらの方法は多くの場合うまく機能する（Jin[163] 参照）．しかし，近年ではより高度な手法が提案されている．ここでは構造的埋め込みの獲得手法である struct2vec，GraphWave，そして DiGraphWave を紹介する．

struct2vec[165] は，ノードの構造的類似性（複数ホップ距離にわたる次数）を表す補助グラフ上でランダムウォークを行い，その後 Node2Vec のようにスキップグラムを使用して埋め込みを獲得する手法である．まず，補助グラフを定義する．ノード u から $k \geq 0$ ホップ数のノード集合を $R_k(u)$ とする．例えば $R_1(u)$ はノード u の隣接ノードの集合であり，$R_k(u)$ は距離 k のノードの集合を表す．$s(S)$ をノード集合 $S \in V$ の次数順に並び変えたノード系列，$f_k(u, v)$ をノード u と v の構造的距離とし，k ホップまでの情報を考慮して距離を次の式で定義する．

$$f_k(u, v) = f_{k-1}(u, v) + g\left(s(R_k(u)), s(R_k(v))\right),$$
$$k \geq 0 \quad \text{and} \quad |R_k(u)|, |R_k(v)| > 0.$$

ここで $g(s_1, s_2)$ は次数列を表した s_1 と s_2 に対して定義される距離であり，$f_{-1} = 0$ とする．

2 つの次数列 $s(R_k(u))$ と $s(R_k(v))$ は長さが同じとは限らない．そのため比較時は工夫が必要で，struct2vec では動的時間伸縮法を用いている．動的時間伸縮法は，2 つの系列 a と b の間で最適な対応関係を見つけるもので，次の評価関数を用いる．

$$\mathrm{DTW}_q(a_{1:n}, b_{1:m}) = \min_{\pi \in A(a_{1:n}, b_{1:m})} \left(\sum_{(i,j) \in \pi} d(a_i, b_j)^q \right)^{\frac{1}{q}}.$$

ここで $d(a, b)$ は距離関数を表し，struc2vec では次の距離関数を用いている（次数列が完全に一致する場合は距離は 0 になる）．

$$d(a_i, b_j) = \frac{\max\{a_i, b_j\}}{\min\{a_i, b_j\}} - 1.$$

この距離を用いて層 k に対する重み付きグラフを次のように定義する．

$$w_k(u, v) = e^{-f_k(u,v)}, \quad k = 0, \ldots, k^*$$

この重み付きグラフだけを用いると層の間を遷移することができない．そこで struct2vec では次の重みを用いて層の間を遷移できるようにする．

$$w(u_k, u_{k+1}) = \log(\Gamma_k(u) + e), \quad k = 0, \ldots, k^* - 1,$$
$$w(u_k, u_{k-1}) = 1, \quad k = 1, \ldots, k^*.$$

ここで

$$\Gamma_k(u) = \sum_{v \in V} 1_{w_k(u,v) > \overline{w_k}},$$
$$\overline{w_k} := \sum_{(u,v) \in \binom{V}{2}} \frac{w_k(u, v)}{\binom{n}{2}}$$

である．

同じ階層内での遷移は確率 α で選び，遷移先は次の確率を用いて選ぶ．

$$p_k(u, v) = \frac{e^{-f_k(u,v)}}{Z_k(u)}.$$

ここで $Z_k(u)$ は規準化定数である．逆に階層ごとの遷移は確率 $1 - \alpha$ で選び，上の階層に遷移するか下の階層に遷移するかは次の確率を元に選ぶ．

$$p_k(u_k, u_{k+1}) = \frac{w(u_k, u_{k+1})}{w(u_k, u_{k+1}) + w(u_k, u_{k-1})},$$
$$p_k(u_k, u_{k-1}) = 1 - p_k(u_k, u_{k+1}).$$

これらの遷移式に基づき獲得したランダムウォーク系列に対して Node2vec と同様にスキップグラムモデルを用い埋め込みを学習する.

3.4.2　**GraphWave と DiGraphWave**

GraphWave [166] および **DiGraphWave** [167] とは全てのノードから全てのノードに対してスペクトルグラフウェーブレット（GraphWave）や熱拡散方程式を通じたノード到達可能性の値（DiGraphWave の）を通じて拡散パターンを計算し（$N \times N$ 行列になる），各ノードに対して他のノードへ送られる熱の分布の経験的特性関数をサンプリングすることでノード埋め込みを獲得する方法である.

最初に無向ネットワークを対象にした GraphWave から説明する. U をグラフラプラシアン L の固有ベクトルとし（$L = D - A = U\Lambda U^\top$），$\lambda_1 < \lambda_2 \leq \cdots \leq \lambda_N$ を固有値とする（$\Lambda = \mathrm{diag}(\lambda_1, \ldots, \lambda_N)$）. $g_s(\lambda) = e^{-\lambda s}$ をカーネルとする. ノード a を中心にしたスペクトルグラフウェーブレットは次で定義されるもののことである.

$$\Psi_a = U \mathrm{diag}\left(g_s(\lambda_1), \ldots, g_s(\lambda_N)\right) U^\top \mathbf{1}_a.$$

ここで $\mathbf{1}_a$ は第 a 成分のみ 1 で他の要素は 0 のワンホットベクトルである. これを簡略化し m 個目の計数を書き出すと

$$\Psi_{ma} = \sum_{l=1}^{N} g_s(\lambda_l) U_{ml} U_{al}$$

と書ける. このときのウェーブレットの係数 Ψ_{ma} は a が m から受け取った熱量を表すものに対応している. 第 1 章の無向ネットワークとラプラシアンの関係を思い出せばこうした対応関係が成立することは想像がつくと思う. GraphWave ではこの行列 Ψ を用いる.

有向ネットワークにおいても同様に拡散方程式に関心を絞ればよい. A を重み付き有向ネットワークの隣接行列としてその各成分を $A_{ij} = A_{j \to i} = w_{j \to i}$ とする. このときに重み付き次数を対角行列として格納し（$D_{jj} = \sum_{i \in N_{\mathrm{out}}(j)} w_{j \to i}$），その逆行列を次の通り定義する.

$$\widehat{D}_{ij}^{-1} = \begin{cases} \frac{1}{D_{jj}} & \text{if } i = j \text{ and } |N_{\mathrm{out}}(j)| > 0 \\ 0 & \text{otherwise.} \end{cases}$$

また拡散方程式を書き出すために利用する単位行列を次のように定義する.

$$
\widehat{I}_{ij} = \begin{cases} 1 & \text{if } i = j \text{ and } |N_{\text{out}}(j)| > 0 \\ 0 & \text{otherwise.} \end{cases}
$$

これらを用いることでグラフラプラシアンは次の形で書ける.

$$
L_{ij} = L_{j \to i} = \begin{cases} 1 & \text{if } i = j \text{ and } |N_{\text{out}}(j)| > 0 \\ -w_{j \to i} & \text{if } i \neq j \text{ and } j \to i \in E \\ 0 & \text{otherwise.} \end{cases}
$$

さらに

$$
\widehat{A} = A\widehat{D}^{-1}
$$

とおくと,拡散方程式は

$$
\frac{du}{d\tau}(\tau) = -Lu(\tau) = (\widehat{A} - \widehat{I})u, \quad u(\tau = 0) = b
$$

に従うことになり,その解は

$$
u(\tau) = \exp(-\tau L)b = \Psi(\tau)b
$$

と記述できる.ここで $\exp$ は行列指数($\exp(X) = \sum_{k=0}^{\infty} \frac{X^k}{k!}$)を表す.Di-GraphWave ではいくつか異なる値の τ を使用することを推奨している.また,こうした拡散過程を順方向(エッジの向きに沿った形)と逆方向(エッジの向きと逆方向に進んだもの)の両方に対して定義するなど拡張も加えている.

スペクトルグラフウェーブレット係数や熱拡散方程式を通じたノード到達可能性の値を計算しただけでは $N \times N$ の行列を獲得するのみでノード埋め込みを獲得したとはいえない.そこで両方法は行(ノード)ごとに経験的特性関数

$$
\phi_a(t) = \frac{1}{N} \sum_{m=1}^{N} e^{it\Psi_{ma}}
$$

を用い $\{t_1, \ldots, t_d\}$ など複数の点において実部と虚部の値を次のように結合することによって低次元埋め込みを獲得する.

$$
\chi_a = [\text{Re}(\phi_a(t_i)), \text{Im}(\phi_a(t_i))]_{t_1, \ldots, t_d}.
$$

これが GraphWave と DiGraphWave の概要である.

Srinivasan[168] は不変式理論を用いて,位置的埋め込みが構造的埋め込みと同じ分布からの1つのサンプルに相当することを理論的に示した.これは,統計的にはこれら2つが同一であることを意味している.また,実際に位置的埋め込みの手法を使用して得られたノード埋め込みの平均をとると,それが構造的埋め込みに該当する例も示し,その主張を実証的にもサポートした.

また,Zhu[169] 多くのノード埋め込み手法が (i) ノードの類似性を表現する関数 $S := \Psi(A)$,(ii) その類似度を非線形変換する関数 $\widehat{S} = \sigma(S)$,(iii) $\widehat{S}$ を次元削減する関数 ζ の3つのステップで書き直せることに注目した.式で簡潔に書くと

$$Z = \zeta(\sigma(\Psi(A)))$$

となる.最後の (iii) のステップ(i.e. ζ)に注目し,行ごとに独立して計算できない特異値分解を用いるか,ノードごと(行ごと)に計算できる経験特性関数を用いるかで位置的にも構造的にもなる PhuSION というモデルを提案した.このような先行研究を踏まえると,位置的埋め込みと構造的埋め込みは,応用面ではその扱いは異なるかもしれないが,本質的に手法としての境界はそれほど離れていない可能性がある.

3.5　グラフトランスフォーマー

トランスフォーマー(transformer)[147] は自己アテンション(self-attention),順伝播型ニューラルネットワーク(feedforward neural network),(単語やノードの)位置エンコーディング,エンコーダー・デコーダー枠組みを用いて構成する深層学習のモデルである[147].系列データのモデリングにおいて有効性を示し,特に自然言語処理で大きく成功を収めている.自然言語処理や画像処理の分野で流行したモデルは大抵対応するモデルがネットワークでも創られる傾向にある.そのためトランスフォーマーに関してもネットワークへの応用がある.これらを**グラフトランスフォーマー**(graph transformer)と呼ぶ[170],[171].

トランスフォーマーは入力 $Z \in \mathbb{R}^{N \times d}$ に対して次のように定められるもの

である．

$$S = \frac{1}{\sqrt{d_K}}ZW_Q(ZW_K)^\top := \frac{1}{\sqrt{d_K}}QK^\top,$$

$$\widehat{Z} = \text{Softmax}(S)(ZW_V) := \text{Softmax}(S)V,$$

$$M = \text{LayerNorm}_1(\widehat{Z}O + Z), \tag{3.10}$$

$$F = \sigma(MW_1 + b_1)W_2 + b_2,$$

$$Z_{\text{new}} = \text{LayerNorm}_2(M + F).$$

ここで S はアテンション，$Q := ZW_Q$ $(W_Q \in \mathbb{R}^{d \times d_k})$，$K := ZW_K$ $(W_K \in \mathbb{R}^{d \times d_k})$，$V := ZW_V$ $(W_V \in \mathbb{R}^{d \times d_v})$ はそれぞれクエリ，キー，ヴァリューと呼ばれる行列，残りはパラメータである $(O \in \mathbb{R}^{d \times d},\ W_1 \mathbb{R}^{d \times d_f},$ $b_1 \in \mathbb{R}^{d_f},\ W_2 \in \mathbb{R}^{d_f \times d},\ b_2 \in \mathbb{R}^d)$．また式 (3.10) の最初の 2 つの式がアテンション構造，残りが順伝播型ニューラルネットワークを表している．アテンションに関しては複数のアテンションを考慮することが多く，この場合は最初の 2 つの式が

$$S^h = \frac{1}{\sqrt{d_K}}ZW_Q^h(ZW_K^h)^\top,$$

$$\widehat{Z} = \|_{h=1}^{H}\text{Softmax}(S^h)(ZW_V^h)$$

となる．ここで $\|_{h=1}^{H}$ は結合操作を表す．

トランスフォーマーのネットワークへの応用の最も簡単なものは GNN で学習したノード埋込行列 (Z) の上にトランスフォーマー層をリードアウト関数として追加することである．Jain[172] ではネットワーク 1 つに対してラベルが付与されているグラフ分類問題に対してこの手法を採用している．他にも Dwivedi[171] は自然言語処理における単語の位置情報の代わりにノードの位置情報としてラプラシアンの固有値が小さい順に k 個までの固有ベクトル $(P \in \mathbb{R}^{N \times k})$ を

$$\overline{Z} = Z + P$$

と足すことを提案している．Min[170] は他にも隣接行列 (A) の情報を有効活用するために式 (3.10) の最初の式を

$$S = \left(\frac{1}{\sqrt{d_K}} ZW_Q(ZW_K)^\top \right) \odot A$$

と変更している．ここで $\odot$ は Hadamard 積である．さらにエッジの特徴量を用いる場合はさらに

$$S = \frac{1}{\sqrt{d_K}} ZW_Q(ZW_K)^\top \odot A \odot E'W_E,$$

としている[170]．ここで E' はエッジの埋め込みであり $W_E \in \mathbb{R}^{d_e \times d}$ はパラメータである．

　有向ネットワークに対してグラフトランスフォーマーを適用する試みもある．この場合も位置エンコーディングが鍵となる．Geisler[173] は有向ネットワーク向けに 2 種類の新しい位置エンコーディングを導入した．それぞれ方向を意識したグラフラプラシアンの一般化である磁気ラプラシアンの固有ベクトルと有向ランダムウォークエンコーディングである．Geisler は実証的にそれらの位置エンコーディングの有用性を示した．

3.6　深層学習によるグラフ生成

　グラフ生成とは訓練元のネットワークと同じ統計的性質を保有するネットワークを生成する枠組みである．深層学習に限らず第 1 章で解説した Erdős-Rényi モデル，コンフィギュレーションモデル，第 2 章の確率的ブロックモデルや指数ランダムグラフ，構造的生成モデルによる生成もグラフ生成の一種である．しかし，コンフィギュレーションモデルなら次数分布の保存，指数ランダムグラフなら注目している統計量の保存などネットワークの一部分しか再現できないことが多く現実のネットワークと比較すると大きくずれが生じることがある．また，統計的ネットワークモデルは複雑にすればするほど統計的推論が非常に困難になる．

　それに対して深層学習は End to End のモデルを構成することで表現力が高いモデルを比較的簡便に推論することができる．また，同様の生成モデルが自然言語や画像処理の分野では目覚ましい成果を上げていることもあり，近年深層学習によるグラフ生成が注目を集めている．ここでは Faez[174] にならい変分オートエンコーダー，自己回帰，Normalizing flow，敵対的ネットワークの

4つに分けて基本的モデルを紹介する[♠3].

3.6.1 変分オートエンコーダーと Graph VAE

本項ではまず隣接行列の行列分解問題に**変分オートエンコーダー**（Variational AutoEncoders, 以下 VAE)[175] を適用する手法[176] を説明し，VAE の基本を復習した上でネットワーク生成モデルである GraphVAE を説明する．VAE の AE（AutoEncoder）とは入力と出力を同一のデータとすることで入力データの低次元表現を獲得する深層学習の手法である．ネットワークにこの手法を適用する場合，最も簡単な方法が図 3.4 (a) のように隣接行列の行 $A_{i.}$ と列 $A_{.j}$ を入力とし g_{ϕ_u} と g_{ϕ_v} を用いて u_i と v_j にエンコードすることで低次元表現を獲得し，f_θ（デコーダー）にそれらを入力することで隣接行列を復元できればよい．この場合の損失関数は

$$L = \sum_{i=1}^{N} \sum_{j=1, j\neq i}^{N} \mathrm{Err}\left(A_{ij}, f_\theta\left(g_{\phi_u}(A_{i.}), g_{\phi_v}(A_{.j})\right)\right) + \mathrm{Reg}(\phi_u, \phi_v, \theta)$$

と書ける．ここで $A_{i.}$ は隣接行列 A の i 行目，$A_{.j}$ は隣接行列 A の j 列目，Reg は過学習を防ぐための正則化項である．この問題は確率モデル化すること

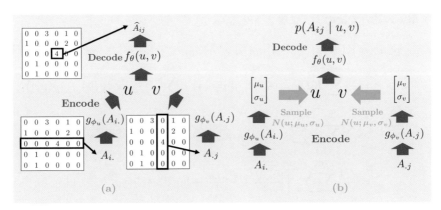

図 3.4　(a) 行列分解オートエンコーダ，(b) 変分行列分解オートエンコーダ

[♠3]強化学習については紙面の都合上割愛した．関心のある読者は Faez[174] を参照されたい．

が可能である．例えば潜在表現に対して事前分布

$$p(u_i) = \text{Norm}(u_i|0, \sigma_u^2 I), \quad p(v_j) = \text{Norm}(v_j|0, \sigma_v^2 I)$$

を与える．ここで Norm とは正規分布のことである．この分布に従う潜在表現を作るには図 3.4 (b) のようにベクトルそのものではなくて次式のようにパラメータを生成するようにエンコーダー部分を変更する．

$$[\mu_{u_i}, \log \sigma_{u_i}] = f_{\phi_u}(A_{i.}), \quad [\mu_{v_j}, \log \sigma_{v_j}] = f_{\phi_v}(A_{.i}).$$

こうすることで確率モデルであることを担保できる．図 3.4 (b) の中の低次元表現部分は訓練後は事後分布を近似したものとして捉えることができる．ここでは

$$q_{\phi_u}(u_i|A_{i.}) = \text{Norm}(u_i|\mu_{u_i}, \sigma_{u_i}^2 I), \quad q_{\phi_v}(v_j|A_{.j}) = \text{Norm}(v_j|\mu_{v_j}, \sigma_{v_j}^2 I)$$

と近似すると仮定する．これらを用い

$$Q_\phi(U, V|A) = \prod_{i=1}^{N} q_{\phi_u}(u_i|A_{i.}) \prod_{j=1}^{N} q_{\phi_v}(v_j|A_{.i})$$

と近似することとする．この変分近似を用いた極大化問題は Jensen の不等式を用いることで次のように書き下せる．

$$\begin{aligned}
\log p(A) &= \text{KL}(Q_\phi(U, V|A)||p(U, V|A)) + L \geq L \\
&= -\sum_{i=1}^{N} KL(q_{\phi_u}(u_i|A_{i.})||p(u_i)) - \sum_{j=1}^{N} KL(q_{\phi_v}(v_j|A_{.j})||p(v_j)) \\
&\quad + \sum_{i=1}^{N} \sum_{j=1, j \neq i}^{N} E_{q_{\phi_u}(u_i|A_{i.})q_{\phi_v}(v_j|A_{.j})}[\log p_\theta(A_{ij}|u_i, v_j)] \\
&= -\frac{1}{2} \sum_{i=1}^{N} \sum_{d=1}^{D} \left[\frac{\sigma_{u_i,d}^2}{\sigma_u^2} + \frac{\mu_{u_i,d}^2}{\sigma_u^2} + \log \sigma_u^2 - \log \sigma_{u_i,d}^2 - 1 \right] \\
&\quad - \frac{1}{2} \sum_{j=1}^{N} \sum_{d=1}^{D} \left[\frac{\sigma_{v_j,d}^2}{\sigma_v^2} + \frac{\mu_{v_j,d}^2}{\sigma_v^2} + \log \sigma_v^2 - \log \sigma_{v_j,d}^2 - 1 \right] \\
&\quad + \sum_{i=1}^{N} \sum_{j=1, j \neq i}^{N} E_{q_{\phi_u}(u_i|A_{i.})q_{\phi_v}(v_j|A_{.j})} \log p_\theta(A_{ij}|u_i, v_j).
\end{aligned}$$

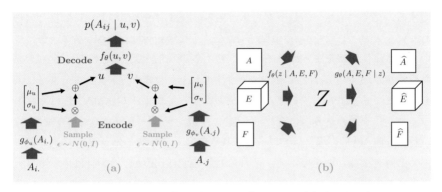

図 3.5　(a) リパラメトリゼーショントリック，(b) GraphVAE

この最後の式の最初の 2 項は評価が容易であるが，最後の項の計算が非常に困難である．通常こうした問題はモンテカルロ法などによって期待値を近似して計算することもできるが，サンプリングのステップが入ってしまうため確率的勾配法などを用いて End to End で学習することができない．

こうした問題を解く際に変分オートエンコーダーで用いるのが**リパラメトリゼーショントリック**である[175]．図 3.4 (b) の問題は Sample と書いたサンプリングのステップにある．この微分不可能な関数があるせいで End to End モデルではなくなる．そのため図 3.5 のように変換する．ここで $[\mu_u, \sigma_u]$ と $\epsilon \sim \mathrm{Norm}(0, I)$ の部分は

$$u = \mu_u + \sigma_u \odot \epsilon$$

であり正規分布の正規加法性によって図 3.4 (b) と同等であるといえる．図 3.5 (a) のリパラメトリゼーショントリックのポイントはサンプリングが必要な部分を葉の部分に持ってきたことである．これによって確率勾配法のバッチを作るたびに適宜サンプリングすればよいことになり訓練可能になる．デコーダーについては

$$p(A_{ij} = 1|u_i, v_j) = \mathrm{Sigmoid}(u_i^\top v_j)$$

とし，交差エントロピー損失関数を用いて訓練する．

GraphVAE[177] では分子構造のように複数のネットワークがある状況を想

定する．いくつもネットワーク自体がある場合は前述の例のように隣接行列の
行や列を入力としなくても，図 3.5 (b) のように隣接行列自体 A，各エッジにつ
いている属性情報をまとめたテンソル E（隣接行列が複数ある状況），ノードの
特徴量 F の全体を結合して 1 つのベクトルにし，変分オートエンコーダーに入
れることでネットワークの潜在表現を獲得する．つまり GraphVAE はネット
ワーク全体を埋め込み（エンコードし），生成（デコード）するモデルである．

　行列分解 VAE の場合はデコードされる値はネットワーク（行列）のある値で
あると対応関係が明確である．それに対して GraphVAE の場合はネットワー
ク全体を生成してしまい入力のどのノードが出力のどのノードに対応している
か明確でない．そこで GraphVAE では割り当て行列 $P \in \{0,1\}^{N_{\text{in}} \times N_{\text{out}}}$（入
力のノード i が出力のノード j に対応しているとき $P_{ij} = 1$ で残りは全て 0）
を定義し，入力と出力の各成分（A, E, F）のクロスエントロピー誤差とノー
ドペアに注目した相似関数を極大化することで獲得する方法を提案している．
GraphVAE の最大の問題点は計算量である．ネットワーク全体を入力情報と
するためにパラメータは $\mathcal{O}(N^2)$ 必要で，入力ノードと出力ノードのマッチン
グは $\mathcal{O}(N^4)$ の計算量がかかる．実際 GraphVAE の論文ではノード数が 100
程度のネットワークでしか実験は行われていない．

3.6.2　自　己　回　帰

　GraphVAE のようにネットワーク全体を一度に生成するのではなくネット
ワークのパーツ（ノード，エッジ，サブネットワーク）を**自己回帰的に生成す
るモデル**もある．例えば図 3.6 (a) のようにノードを順に増やす方法，(b) のよ
うにエッジを順に増やす方法，(c) サブネットワークを順に増やすといった方
法もある．

　ノードを順に生成するモデルとしては **GraphRNN**[178] が挙げられる．
GraphRNN ではまずノード生成の順番 π を深さ優先探索で定める．この順番
をベースに 1 つずつノードを生成し，例えば i 番目のノードを生成する際には
$i-1$ 番目までのノードとのエッジの有無を同時に判断する．i 番目のノード生
成時に生成するエッジを S_i^π，$S^\pi = (S_1^\pi, \ldots, S_N^\pi)$ と表記する．自己回帰的に
逐次的に生成するため S^π は

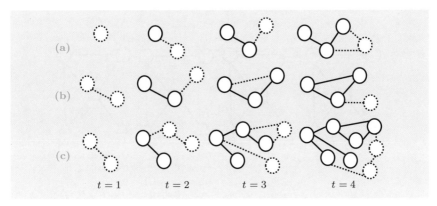

図 3.6 (a) ノードを順に生成, (b) エッジを順に生成, (c) サブネットワークごとに生成

$$p(S^\pi) = \prod_{i=1}^{N+1} p(S_i^\pi | S_1^\pi, \dots, S_{i-1}^\pi)$$

と書き下せる. ここで π はノードの生成順である. 最後の $N+1$ 番目は生成の終わりを表す特殊ノードを生成するものとする. GraphRNN ではこの式の $p(S_i^\pi | S_1^\pi, \dots, S_{i-1}^\pi)$ を RNN でモデル化する. RNN は遷移関数と出力関数によって定義されるものである. 具体的には

$$Z_i = f_{\text{trans}}(Z_{i-1}, S_{i-1}^\pi), \quad \theta_i = f_{\text{out}}(Z_i)$$

とする. Z_i はノード i の潜在表現, θ_i は $i-1$ 番目のノードまでのエッジの有無を生成する確率である. これを用いてエッジは $S_i^\pi \sim p_{\theta_i}$ で生成する. $f_{\text{trans}}, f_{\text{out}}$ はニューラルネットワークで表現される関数であればよく, p_{θ_i} についてもバイナリのベクトルを表現できる関数であれば何でもよい. GraphRNN では f_{trans} を GRU（LSTM と同様の系列を対象にした深層学習モデル）[179], f_{out} を多層パーセプトロン, p_{θ_i} は要素ごとのベルヌーイ分布としている.

エッジ順に生成していくモデルとしては **GraphGen** [180] が挙げられる. 前述の GraphRNN では新規ノードを生成時にそれまでのノードとのエッジを生成した. それに対して GraphGen ではエッジ順を最小深さ優先探索コード[181]

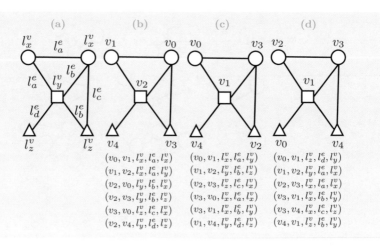

図 3.7　(a) はラベル付き無向ネットワーク，(b)〜(d) は深さ有線
探索の例で (b) が最小深さ有線探索

を用いて定める．この一意に定まるエッジ順を用いてエッジ生成モデルを訓練
することを提案している．最小深さ優先探索コードはグラフ同型となるネット
ワークに対して同一のコード（エッジリスト）になる．グラフ同型はその名の
通り 2 つのネットワークが同じであるかどうかを表す概念であり定義を明記す
ると次のようになる．

定義 3.1（グラフ同型）　グラフ $G_1 = (V_1, E_1)$ と $G_2 = (V_2, E_2)$ がグラフ同
型であるとは全ての $v \in V_1$ について $\phi(v) \in V_2$ かつ全てのエッジ $e = (u, v)$
に対しても $\phi(e) = (\phi(u), \phi(v)) \in E_2$ となるような全単射 ϕ が存在すること
である[181]．

ここで全単射とは全射かつ単射な関数である．つまり G_1 と G_2 がグラフ同型
であるとはノードとエッジを双方向で全て 1 対 1 で対応させることができると
いうことである．

　深さ優先探索コードとは任意のノードから出発し深さ優先探索でネットワー
クをたどったときに定まるエッジリストのことである．深さ優先探索をすると
きにはあるノードから出発し，訪れた順にノード番号を付与していく．新しい
ノードにたどり着いたときにはそれまで出現したノードとの間にエッジがあっ

た場合はそのノードとのエッジをノード番号が若い順にたどり，戻るノードがない場合は探索ノード番号が大きい番号から次にたどることができるエッジを探し，新たにたどり着いたノードに新しい番号を付与する．図 3.7 (b)〜(d) は (a) に対して深さ優先探索を行ったエッジリストの例である．ここで $(v_i, v_j, l_i^v, l_{ij}^e, l_j^v)$ はそれぞれ（エッジ元のノードを始めて訪れたときの順番，エッジ先のノードを始めて訪れたときの順番，エッジ元のラベル，エッジのラベル，エッジ先のラベル）を表している．各エッジ $(v_i^s < v_j^s)$ であればそれはフォワードエッジと呼び，逆のものはバックワードエッジと呼ぶ．エッジリストの中のフォワードエッジを E_f とし，バックワードエッジを E_b と表記することにする．また，ラベル情報は無視しても最小深さ優先探索コードを定めることはできるが，ラベル情報はあった方が素早く見つけることができる．また明示的なラベルがない場合は次数，クラスター係数等をラベル情報として用いることもできる[180]．

図 3.7 (b)〜(d) に表したように深さ優先探索コードは複数見つけることができる．仮に最小深さ優先探索コード $\alpha := (a_1, a_2, \ldots, a_m)$ と $\beta := (b_1, b_2, \ldots, b_n)$ があった場合，$\alpha <_T \beta$ となることと次のいずれかが成立することは必要十分条件になる[181]．

(i) $\exists t, 0 \le t \le \min(m, n)$, for $k < t$, $a_k = b_k$ and

$$
a_t <_e b_t = \begin{cases}
\text{if } a_t \in E_{\alpha,b} \text{ and } b_t \in E_{\beta,f} \\
\text{if } a_t \in E_{\alpha,b}, b_t \in E_{\beta,b} \text{ and } j_a < j_b \\
\text{if } a_t \in E_{\alpha,b}, b_t \in E_{\beta,b}, j_a = j_b \text{ and } l_{i_a,j_a} < l_{i_b,j_b} \\
\text{if } a_t \in E_{\alpha,f}, b_t \in E_{\beta,f}, i_b < i_a \\
\text{if } a_t \in E_{\alpha,f}, b_t \in E_{\beta,f}, i_a = i_b \text{ and } l_{i_a} < l_{i_b} \\
\text{if } a_t \in E_{\alpha,f}, b_t \in E_{\beta,f}, i_a = i_b, l_{i_a} = l_{i_b}, \\
\quad \text{and } l_{(i_a,j_a)} < l_{(i_b,j_b)} \\
\text{if } a_t \in E_{\alpha,f}, b_t \in E_{\beta,f}, i_a = i_b, l_{i_a} = l_{i_b}, \\
\quad l_{(i_a,j_a)} = l_{(i_b,j_b)} \text{ and } l_{j_a} < l_{j_b}.
\end{cases}
$$

(ii) $a_t = b_t$ for $0 \le t \le m$ and $n \ge m$.

つまり，バックワードエッジの方が先であり，バックワードエッジ同士なら戻り番号が低い方が先であり，フォワードエッジ同士なら元番号が高い方が

先ということである（深さ優先のため）．その上で同位の場合ラベル情報で順序を定めるというものである．最初の例に戻ると図 3.7 ではラベルについて $l_x^v < l_y^v < l_z^v$，エッジラベルは順に $l_a^e < l_b^e$ と順序がある場合は $b < c < d$ になることが 1 つ目のエッジを比較するだけでわかる．仮に $l_x^v = l_y^v = l_z^v$，$l_a^e = l_b^e$ の場合は 3 つ目のエッジで $b < c$，$b < d$ がわかり，4 つ目のエッジで $c < d$ であることがわかる．この例で示したものの中では図 (b) が最小深さ優先探索コードであることがわかる．

　エッジの生成順が定まれば後は GraphRNN とモデルは大して変わらない．エッジの順番 $E = (e_1, \ldots, e_M)$ に対して

$$p(E) = \prod_{i=1}^{M+1} p(e_i|e_{1:i-1}),$$

$$
\begin{aligned}
p(e_i|e_{1:i-1}) &= p\left((v_i, v_j, l_i^v, l_{ij}^e, l_j^v)|e_{1:i-1}\right) \\
&= p(v_i|e_{1:i-1})p(v_j|e_{1:i-1})p(l_i^v|e_{1:i-1})p(l_{ij}^e|e_{1:i-1})p(l_j^v|e_{1:i-1})
\end{aligned}
$$

とエッジリストの確率を定める．e_{M+1} はこれ以上エッジを生成しないとする特殊エッジであり，ノード番号やラベルについては条件付き独立を仮定する．この遷移式を具体的には次のように書き下す．

$$
\begin{aligned}
Z_i &= f_{\text{trans}}\left(Z_{i-1}, f_{\text{emb}}(e_{i-1})\right), \\
\theta_{v_s} &= f_{v_s}(Z_i), \quad \theta_{v_t} = f_{v_t}(Z_i), \\
\theta_{l_s^v} &= f_{l_s^v}(Z_i), \quad \theta_{l_{st}^e} = f_{l_{st}^e}(Z_i), \quad \theta_{l_t^v} = f_{l_t^v}(Z_i), \\
v_s &\sim \theta_{v_s}, \quad v_t \sim \theta_{v_t}, \quad l_{st}^v \sim \theta_{l_s^v}, \quad l_{st}^e \sim \theta_{l_{st}^e}, \quad l_t^v \sim \theta_{l_t^v}, \\
e_i &= (v_s; v_t; l_s^v; l_{st}^e; l_t^v).
\end{aligned}
$$

ここで ; は結合操作，Z_i はエッジごとの潜在表現，$\theta_{v_s}, \theta_{v_t}, \theta_{l_s^v}, \theta_{l_{st}^e}, \theta_{l_t^v}$ は各ノードとラベルの生成確率である．この確率を用いてラベル $v_s, v_t, l_s^v, l_{st}^e, l_t^v$ を生成する（ラベルはラベルの数だけの長さのベクトルに対して該当部分のものだけ 1 の値をとるワンホットベクトルで表現する）．e_i はそれらのワンホットベクトルを結合して作成する．f_{emb} は疎なベクトル e_i を密なベクトルに変換する関数で 1 ステップ前の潜在変数と組み合わせることで h_i を得る．f_{trans} は LSTM でモデル化する．

図 3.6 (c) のようにノードをいくつかまとめて生成するモデルとしては **Graph Attention Neural Network**（以下，GRAN）[182] が挙げられる．GRAN では無向ネットワークを対象に B 個ずつノードを生成する．具体的には具体的には t 番目には隣接行列の $b_t = (B(t-1)+1, \cdots, Bt)$ 行目を生成する．無向ネットワークにおいてノードをブロックごとにいくつか生成していくということは隣接行列の下三角行列（L）の各行をブロックごとに生成していく問題になる（無向ネットワークであるため $A = L + L^\top$）．この表記を用いると GRAN では次のようにグラフを生成していく．

$$p(L^\pi) = \prod_{t=1}^{T} p(L_{b_t}^\pi | L_{b_1}^\pi, \ldots, L_{b_{t-1}}^\pi).$$

ここで π は生成順である．GraphRNN や GraphGen と異なり GRAN では RNN ではなく GCN を用いてエッジの有無をモデル化する．t ステップ目においてはまず次の式を用いてそれまでのノード埋め込みを初期化する．

$$Z_{b_i}^0 = W L_{b_i}^\pi + b, \quad \forall i < t.$$

ここでブロック $L_{b_i}^\pi$ はベクトル $[L_{B(i-1)+1}^\pi, \ldots, L_{Bi}^\pi] \in \mathbb{R}^{BN}$ とそれまでのノード埋め込みをスタックしたものである．この変換を用いることによって次元を落とすことができる．$L_{b_t}^\pi$ の初期値は $Z_{b_t}^0 = 0$ とし，次の更新式を $r = 0$ から $r = R$ まで繰り返すことで新たなノード埋め込みを獲得する．

$$
\begin{aligned}
m_{ij}^r &= f(Z_i^r - Z_j^r), \\
\widehat{Z}_i^r &= [Z_i^r, x_i], \\
a_{ij}^r &= \mathrm{Sigmoid}\left(g(\widehat{Z}_i^r - \widehat{Z}_j^r)\right), \\
Z_i^{r+1} &= \mathrm{GRU}\left(Z_i^r, \sum_{j \in \mathrm{Ne}(i)} a_{ij}^r m_{ij}^r\right).
\end{aligned}
$$

ここで Z_i^r は r ステップにおけるノード埋め込み，m_{ij}^r はノード i から j へのメッセージ，a_{ij}^r はエッジ (i, j) に対するアテンションで，x_i は既存のブロックのノードなら 0 で新規ブロックならその位置を表したバイナリマスクである．これによって既存ブロックのノードか新規ブロックのノードかを峻別す

る．GRU は LSTM 同様に系列を対象にした深層学習のモデルである．最後の式にある通りアテンションを重みとして用いノード埋め込みを更新する．

R 回反復して計算したノード埋め込みを用い，ブロックのエッジの出現確率におけるブロックのエッジは次のように混合ベルヌーイ分布で定式化する．

$$\alpha_1, \ldots, \alpha_K = \mathrm{Softmax}\left(\sum_{i \in b_t, 1 \le j \le i} \mathrm{MLP}_\alpha(Z_i^R - Z_j^R)\right),$$

$$\theta_{1ij}, \ldots, \theta_{Kij} = \mathrm{Sigmoid}\left(\mathrm{MLP}_\theta(Z_i^R - Z_j^R)\right),$$

$$p(L_{b_t}^\pi | L_{b_1}^\pi, \ldots, L_{b_{t-1}}^\pi) = \sum_{k=1}^{K} \alpha_k \prod_{i \in b_t} \prod_{1 \le j \le i} \theta_{kij}.$$

混合ベルヌーイ分布を用いることで各エッジが独立同一分布からサンプリングされるという条件を緩和している．混合要素の数が $K = 1$ の場合，それまで生成したグラフの条件のもとで新規ブロックのエッジは全て独立同一に生成される．

GRAN にもう1つ工夫が見られるのは複数のノードの生成順を用いていることである．自己回帰型モデルは訓練時のノードやエッジの順番によって汎化性能が増減することが知られている[183]．ランダムなノード順，単純な深さ優先探索によるノード順，GraphGen のように最小深さ優先探索によるエッジ順など一意に定めることもあるが，複数の順序を考慮することで精度が上がることがある．複数の順序を考慮するということは究極的には周辺尤度

$$p(G) = \sum_\pi p(G, \pi)$$

を最大化するということである．この周辺尤度は第2章でも解説した変分近似を用いることで

$$\log p(G) = \log \sum_\pi p(G, \pi) \ge E_{q_\phi(\pi|G)}[\log p_\theta(G, \pi) - \log q_\phi(\pi|G)] \quad (3.11)$$

と近似できる．ここで $q_\phi(\pi|G)$ は順序に対する事後分布の近似である．全ての順序 π を考慮することは計算上困難であるため GRAN では順序のサブセット $Q = \{\pi | \pi \in \Omega, \forall i = 1, \ldots, M\}$ を考える．Q の中の順序に重複はないものとする．Q は全順序のサブセットであるため $\log p(G)$ は

$$\log p(G) \geq \log \sum_{\pi \in Q} p(G, \pi) \geq \log p(G, \pi)$$

と書け，周辺尤度の下限を構成すると同時に 1 つの順序を用いるよりも下限は
タイトになる．Q の中に含まれる順序を増やせば増やすほどこの下限はよりタ
イトになるが，その分計算量も増える．しかし，GRAN が報告している実験
結果ではさほど改善が見られない．

それに対して Chen [184] では式 (3.11) の $q_\phi(\pi|G)$ を

$$q_\phi(\pi|G) = \prod_{t=1}^{N} q_\phi(\pi_t|G, \pi_{1:t-1})$$

と逐次的にノード順を表すモデルとして書き下しモデル化することで式 (3.11)
を極大化した．実際 GraphGen と比較して有意に精度改善も見られる．しか
し，このアプローチはスケールしないという課題を抱えている [184]．

最後に，GraphGen や GRAN は GraphRNN と比較して計算量を工夫し
て減らしたモデルと見ることもできる．その他に計算量軽減を狙い工夫した
モデルとしては他にも隣接行列の生成に関してエッジの有無を 2 部階層木と
TreeLSTM を用いて表現した BiGG が挙げられる [185]．

3.6.3 Normalizing Flow と Diffusion モデル

Normalizing Flow [186] とはデータ空間上で確率密度関数を構成すること
が難しい（＝最尤推定を行うことが困難な）ときにデータ空間と計算が容易
な潜在変数の空間を相互に行き来できる関数を定義することで最尤推定を行
う方法である．例えばデータ X と潜在変数 Z の間を行き来できる双射関数
$f : X \to Z (g = f^{-1})$ があるとする．このとき変数変換によってデータ空間の
確率密度は

$$p_X(x) = p_Z(z) \left| \det\left(\frac{\partial g(z)}{\partial z^\top}\right) \right|^{-1} = p_Z(f(x)) \left| \det\left(\frac{\partial f(x)}{\partial x^\top}\right) \right| \tag{3.12}$$

と書ける．ここで $\frac{\partial f(z)}{\partial z^\top}$ は f の z における Jacobian である．

仮に双射関数 $f : X \to Z$ と $g = f^{-1}$ が存在すれば，まず生成は多変量
正規分布など解析的に扱いやすい確率変数から $Z \sim p_Z$ を生成し，データに
$X = g(Z)$ で変換することにより可能になる．逆に推論時には式 (3.12) を用

いることで容易に計算できる.

　問題は双射関数 $f : X \to Z$ と $g = f^{-1}$ をニューラルネットワークでどのように構成するかである. 単に f と g をニューラルネットワークで構成したところでそもそも双射関数にならない. 仮にうまく双射関数を構成できたとしても式 (3.12) の中の Jacobian の決定式の計算量が問題になる. Jacobian の決定式の計算量は下三角行列など特殊な場合を除きベクトルの次元 D に対して $\mathcal{O}(D^3)$ となり計算量がボトルネックになる.

　Dinh [186], [187] はニューラルネットワークで構成した柔軟な関数と簡単な双射関数を組み合わせることで訓練可能な表現力の高い関数を構成できることを示した. 例えば Dinh [186] では

$$y_{1:d} = x_{1:d},$$
$$y_{d+1:D} = x_{d+1:D} \odot \exp(s(x_{1:d})) + t(x_{1:d}) \tag{3.13}$$

とすることを提唱している. ここでスケール関数 s と変換関数 t はニューラルネットワークで構成する (両方とも $\mathbb{R}^d \to \mathbb{R}^{D-d}$). この関数の Jacobian は

$$\frac{\partial y}{\partial x^\top} \begin{pmatrix} I_d & 0 \\ \frac{\partial y_{d+1:D}}{\partial x_{1:d}^\top} & \mathrm{diag}\left(\exp\left(s(x_{1:d})\right)\right) \end{pmatrix}$$

と書け, 下三角行列であることから Jacobian の決定式は $\exp\left(\sum_j s(x_{1:d})_j\right)$ で計算できる. また, $s(x_{1:d})_j$ と書いている通り, この関数は逆関数にするなどの特殊な操作は必要なくそのまま使用でき, t はそもそも Jacobian の決定式の計算にでてこない. そのため s と t は深層学習を用い好きなだけ複雑な関数にでき, 表現力を上げることができる. また, 式 (3.13) は

$$x_{1:d} = y_{1:d},$$
$$x_{d+1:D} = (y_{d+1:D} - t(y_{1:d})) \odot \exp(-s(y_{1:d}))$$

と書けるように逆関数も簡単に計算できる.

　関数 (3.13) を用いてネットワーク生成モデルを構築したのが **Graph Normalizing Flow** (以下, GNF) [188] である. GNF ではまず GraphVAE 同様に隣接行列とノード特徴量♣4 をオートエンコーダーにかけることでノード埋

　♣4 ノード特徴量がない場合は $X_i \sim \mathrm{Norm}(0, \sigma^2 I)$ からサンプリングすることを推奨している.

め込み Z を得る（図 3.5 (b) の入力にノード特徴量を増やし，デコーダーの先の出力は隣接行列のみ）．少し細かいが GNF においてデコーダーは

$$A_{ij} = \frac{1}{1 + \exp(C||Z_i - Z_j||_2^2 - 1)}$$

としている．ここで C はハイパーパラメータである．

こうして獲得したノード埋め込み Z を Normalizing Flow を用いて生成する．まず新たな潜在変数 $H_0 = Z$ としを定義し，各ノードの埋め込みを特徴量次元に沿って H_t^0 と H_t^1 に分割する．これを Normalizing Flow と同様に簡単にサンプリングできる H_T と対応させて

$$H_{t+\frac{1}{2}}^0 = H_t^0 \odot \exp\left(f_1(H_t^1)\right) + f_2(H_t^1),$$
$$H_{t+1}^0 = H_{t+\frac{1}{2}}^0,$$
$$H_{t+\frac{1}{2}}^1 = H_t^1,$$
$$H_{t+1}^1 = H_{t+\frac{1}{2}}^1 \odot \exp\left(f_3(H_{t+\frac{1}{2}}^0)\right) + f_4(H_{t+\frac{1}{2}}^0)$$

となる．逆の変換は

$$H_{t+\frac{1}{2}}^0 = H_{t+1}^0,$$
$$H_t^1 = H_{t+\frac{1}{2}}^1,$$
$$H_{t+\frac{1}{2}}^1 = \frac{H_{t+1}^1 - f_4(H_{t+\frac{1}{2}}^0)}{\exp\left(f_3(H_{t+\frac{1}{2}}^0)\right)},$$
$$H_t^0 = \frac{H_{t+\frac{1}{2}}^0 - f_2(H_t^1)}{\exp\left(f_1(H_t^1)\right)}$$

となる．ステップ t における潜在変数 H_t と H_{t-1} の間には変数変換によって $p(H_{t-1}) = \det\left|\frac{\partial H_{t-1}}{\partial H_t}\right| p(H_t)$ となるため，それを再帰的に用いることで次のように書ける．

$$p(H_T) \prod_{t=1}^{T} \det\left|\frac{\partial H_t}{\partial H_{t-1}}\right|.$$

H_T は $p(H_T) = \prod_{i=1}^{N} N(h_i|0, I)$ とする．繰り返しになるが Normalizing

Flow であるため逆関数も簡単に計算できる．このことに目を付けグラフ生成時は H_T を正規分布 $\mathrm{Norm}(0, I)$ からサンプリングし，上記の逆変換を用い H_0 に変換し，その埋め込みをオートエンコーダーのデコーダーにかけることで隣接行列を生成する．

Normalizing Flow を自己回帰型過程を想定して構成したものが **Autoregressive Flow** である[189]．自己回帰型の過程を次のように書けるとする．

$$p(x_t|x_{1:t-1}) = \mathrm{Norm}(x_t|\mu_t, (\exp(\alpha_t))^2),$$
$$\mu_t = f_{\mu_t}(x_{1:t-1}), \quad \alpha_t = f_{\alpha_t}(x_{1:t-1}).$$

ここで f_{μ_t} は過去データから時点 t の平均値を生成する関数であり，f_{α_i} は過去データから時点 t の対数標準偏差を生成する関数である．このモデルは各時点で標準正規分布からノイズを生成することで次のように再帰的に書ける．

$$x_t = u_t\exp(\alpha_t) + \mu_t,$$
$$\mu_t = f_{\mu_t}(x_{1:t-1}), \quad \alpha_t = f_{\alpha_t}(x_{1:t-1}), \tag{3.14}$$
$$u_t \sim \mathrm{Norm}(0, 1).$$

つまりデータ x に対して潜在変数 $u_{1:T}$ $(x = f(u))$ を定義できたことになる．逆関数 $g = f^{-1}$ は次のように書ける．

$$u_t = (x_t - \mu_t)\exp(-\alpha_t),$$
$$\mu_t = f_{\mu_t}(x_{1:t-1}), \quad \alpha_t = f_{\alpha_t}(x_{1:t-1}).$$

また，式 (3.14) の再帰構造によって Jacobian の決定式は

$$\left|\det\left(\frac{\partial f^{-1}}{\partial x}\right)\right| = \exp\left(-\sum_t \alpha_t\right)$$

となる．

Autoregressive Flow を用いることで自己回帰型の生成モデルと Normalizing Flow の発想を組み合わせることができる．**GraphAF**[190] は分子グラフを念頭にノード（分子）とエッジ（結合）がそれぞれ複数種類 (d, b) あるとする．エッジについてはエッジの不在を表すエッジを足し，全部で $b + 1$ あるとする．ノードの種類を表した行列を X とし，通常と違い，隣接行列は

$A \in \{0,1\}^{N \times N \times (b+1)}$ とエッジの種類ごとに定義した隣接行列をテンソルで表現したものとする.

自己回帰型の生成モデルと同様にステップごとにまずノードを生成し $(p(X_i|G_i))$,次に $A_{i,1}, A_{i,2}, \ldots, A_{i,i-1}$ とエッジを生成するという過程を繰り返す.ここで G はネットワークで A は対応する隣接行列である.Autoregressive Flow をグラフ生成問題に適用する際に問題になるのがノードの種類や隣接行列におけるエッジの有無は離散的なものであり双射関数を構成することが難しい点である.GraphAF ではそのため離散的な値に対して一様分布からノイズを足すことで

$$Z_i^X = X_i + u, \quad u \sim U[0,1]^d,$$
$$Z_{ij}^A = A_{ij} + u, \quad u \sim U[0,1]^{b+1}$$

と値を連続化している.この連続化した変数に対して

$$p(Z_i^X|G_i) = \text{Norm}(\mu_i^X, (\alpha_i^X)^2),$$
$$p(Z_{ij}^A|G_i, X_i, A_{i,1:j-1}) = \text{Norm}(\mu_{ij}^A, (\alpha_{ij}^A)^2)$$

と 2 つの Autoregressive Flow を定義している.ここで

$$\mu_i^X = g_{\mu_X}(G_i), \quad \alpha_i^X = g_{\alpha^X}(G_i),$$
$$\mu_{ij}^A = g_{\mu_A}(G_i, X_i, A_{i,1:j-1}), \quad \alpha_{ij}^A = g_{\mu_A}(G_i, X_i, A_{i,1:j-1})$$

と,変分オートエンコーダーと同様に平均と分散を生成するニューラルネットワークを定義する.生成するときは正規分布から ϵ_i と ϵ_{ij} をサンプルし

$$Z_i^X = \epsilon_i \odot \alpha_i^X + \mu_i^X, \quad \epsilon_i \in \mathbb{R}^d,$$
$$Z_{ij}^A = \epsilon_{ij} \odot \alpha_{ij}^A + \mu_{ij}^A, \quad \epsilon_{ij} \in \mathbb{R}^{b+1} \tag{3.15}$$

と変換した後に

$$X_i = l_{\text{argmax}^d(Z_i^X)},$$
$$A_{ij} = e_{\text{argmax}^{b+1}(Z_{ij}^A)}$$

と値が最大になるノードラベルやエッジラベル(エッジなしを含む)だけを 1

にしたワンホットベクトルにする．ネットワークを生成する式 (3.15) の逆は

$$\epsilon_i = (Z_i^X - \mu_i^X) \odot \frac{1}{\alpha_i^X},$$

$$\epsilon_{ij} = (Z_{ij}^A - \mu_{ij}^A) \odot \frac{1}{\alpha_{ij}^A}$$

になる．ここで $\frac{1}{\alpha_i^X}$ と $\frac{1}{\alpha_{ij}^A}$ は要素ごとに逆数にしたベクトルである．

Diffusion モデルとはノイズを徐々に追加していく順方向の拡散（$q(x_t|x_{t-1})$）とランダムノイズからデータを徐々に復元していく（ノイズを除去していく）逆方向の拡散（$p_\theta(x_{t-1}|x_t)$）の 2 つのマルコフ連鎖で表現される生成モデルである♠5．ここでは順方向をノイズモデル，逆方向をノイズ除去モデル（denoising model）と呼ぶことにする．Diffusion モデルは画像処理で大きく成功を収めたこともあり注目を集めている[192]．特に Normalizing Flow が用いる双射関数ではノードとエッジ間の長い相関関係をモデルできないという指摘がありそれを解決できる可能性がある[193], [194]．ここでは Diffusion モデルのグラフ生成の応用例として Vignac[191] の **DiGress** を解説する．

まずネットワークの各ノードとエッジはいくつかの特徴量を持つものとする．ノードについては x_i をノード i の特徴量を表す長さ a のワンホットベクトル（$x_i \in \mathbb{R}^a$）とし χ をノードがとれる特徴量の集合とする．同様に e_{ij} をエッジ ij の特徴量を表す長さ b のワンホットベクトル（$e_{ij} \in \mathbb{R}^b$）とし，ε をエッジがとれる特徴量の集合とする．行列 $X \in \mathbb{R}^{N \times a}$ とテンソル $E \in \mathbb{R}^{N \times N \times b}$ はそれぞれ各ノード特徴量と各エッジ特徴量をスタックしたものとする．

Diffusion モデルは画像処理の分野から始まったこともあり連続値を対象にすることが多い．それに対してネットワークは基本的に離散的なものである．そのため DiGress はノイズモデル（$q(x_t|x_{t-1})$）をノードやエッジ特徴量の遷移行列（$Q^1, \ldots, Q^T$）を用いて表現している．x^t, e^t をステップ t でのノードとエッジの特徴量とし，$G^t = (X_t, E_t)$ を各ステップにおけるネットワークの状態としたとき，各遷移行列の要素は

♠5エンコーダーをノイズモデルとして固定した変分オートエンコーダーの一種として見ることもできる（Vignac[191] の Appendix）．

$$[Q_X^t]_{kl} = q(x^t = l | x^{t-1} = k),$$

$$[Q_E^t]_{kl} = q(e^t = l | e^{t-1} = k)$$

と書け，ノイズモデルは

$$q(G^t | G^{t-1}) = (X^{t-1} Q_X^t, E^{t-1} Q_E^t),$$

$$q(G^t | G) = (X \overline{Q}_X^t, E \overline{Q}_E^t)$$

と表現することができる．ここで $\overline{Q}_X^t := Q_X^1 \cdots Q_X^t$，$\overline{Q}_E^t := Q_E^1 \cdots Q_E^t$ である．遷移行列を

$$Q^t = \alpha^t I + \frac{(1 - \alpha^t)(\mathbf{1}_d \mathbf{1}_d^\top)}{d}$$

とするとノイズモデルは十分遷移することで一様分布に収束させることができるが，完全に一様分布の状態からデータを復元するためには非常に多くのステップが必要なため，DiGress では

$$Q_X^t = \alpha^t I + \beta \mathbf{1}_a m_X^\top,$$

$$Q_E^t = \alpha^t I + \beta \mathbf{1}_b m_E^\top$$

とデータにあわせることを提案している．ここで m_X と m_E はそれぞれ訓練データの中の各特徴量の出現確率を格納したベクトルである．ノイズモデルはこれで定義できた．

ノイズ除去モデルの目的はノイズから出発し最終的には各ノードとエッジの特徴量を予測することである（$\widehat{p}^G = (\widehat{p}^X, \widehat{p}^E)$）．DiGress ではあるステップの G_t から $p_\theta(G | G^t)$ を Dwivedi[171] のグラフトランスフォーマーを拡張する形でモデル化している．訓練は各ノードとエッジの分類問題としてクロスエントロピー

$$l(\widehat{p}^G, G) = \sum_{i=1}^N \text{cross-entropy}(x_i, \widehat{p}_i^X) + \lambda \sum_{i=1}^N \sum_{j=1, j \neq i}^N \text{cross-entropy}(e_{ij}, \widehat{p}_{ij}^E)$$

を損失関数とする．ここで $\lambda > 0$ はノードとエッジのどちらを重視するかを表した重みである．

ノイズ除去モデルの各ステップの遷移 $p_\theta(G^{t-1} | G^t)$ は訓練した $\widehat{p}_\theta(G | G^t)$ と $q(G^{t-1} | G^t, G)$ を用いてサンプルする．損失関数からもわかる通り DiGress

はネットワーク全体の遷移ではなくノードとエッジの特徴量をモデル化している．そのため $p_\theta(G^{t-1}|G^t)$ も次のように分解できる．

$$p_\theta(G^{t-1}|G^t) = \prod_{i=1}^{N} p_\theta(x_i^{t-1}|G_t) \prod_{i=1}^{N} \prod_{j=1,j\neq i}^{N} p_\theta(e_{ij}^{t-1}|G^t).$$

よって各ノードとエッジの特徴量の遷移は次のように書ける．

$$p_\theta(x_i^{t-1}|G^t) = \sum_{x\in\chi} p_\theta(x_i^{t-1}|x_i = x, G^t)\widehat{p}_i^X(x),$$

$$p_\theta(e_{ij}^{t-1}|e_{ij}^t) = \sum_{e\in\varepsilon} p_\theta(e_{ij}^{t-1}|e_{ij} = e, G^t)\widehat{p}_{ij}^E(e).$$

ここで $\widehat{p}_i^X(x)$ と $\widehat{p}_{ij}^E(e)$ はそれぞれ訓練したグラフトランスフォーマーの予測である．また $p_\theta(x_i^{t-1}|x_i = x, G^t)$ は

$$p_\theta(x_i^{t-1}|x_i = x, G^t) \propto \begin{cases} q(x_i^{t-1}|x_i = x, x_i^t) & \text{if } q(x_i^t|x_i = x) > 0 \\ 0 & \text{else} \end{cases}$$

と近似することで，後は G^{t-1} の状態をサンプルできる．エッジも同様に書ける．

　DiGress は精度が高いのみならずスケールするとも Vignac らは報告している．また，ネットワークを一部与えた状態で残りの状態を補完するなど条件づけることもできる．その他の Diffusion モデルについては Fan [194] を参照されたい．

3.6.4　敵対的ネットワーク

敵対的ネットワーク（Generative Adverserial Networks 以下，GAN）とは本物のサンプルか生成した偽物のサンプルか見分ける識別ニューラルネットワークを用いることで最尤推定を用いずにニューラルネットワークを訓練する方法である[195]．最尤推定とは根本的に異なる訓練法であることから大きな注目を集めた．自然言語や画像処理で目覚ましい成果を上げていることからも察しがつく通り GAN を用いるグラフ生成モデルも存在する．ここでは NetGAN と CELL について解説する．

NetGAN[196] は深層学習によるネットワーク生成の研究の火付け役になっ

アルゴリズム 3.1　**NetGAN の生成モデル**

$z \sim \mathrm{Norm}(0, I_d)$

$m_0 = g_\theta(z)$

$(p_1, m_1) = f_\theta(m_0, 0) \quad \rightarrow v_1 \sim \mathrm{Cat}(\mathrm{Softmax}(p_1))$

$\vdots$

$(p_T, m_T) = f_\theta(m_{T-1}, v_{T-1}) \quad \rightarrow v_T \sim \mathrm{Cat}(\mathrm{Softmax}(p_T))$

たモデルの 1 つである．NetGAN は 3 つのステップでネットワークを生成する：(1) 与えられたネットワークをランダムウォークすることでノードの順番を表した系列（$1 \rightarrow 3 \rightarrow 7 \rightarrow 4$ など）をサンプリングして作る，(2) サンプリングしたランダムウォーク系列を LSTM [197] と GAN [195] を組み合わせたモデルを用いて訓練し，データ元のネットワークからサンプリングしたランダムウォークと似るように訓練する，(3) 訓練したモデルを用いランダムウォークを生成しエッジリストとして分解し，それらを 1 つのセットとすることでネットワークを生成する．

より詳細に NetGAN の生成モデルをまとめるとアルゴリズム 3.1 の通りになる．ここで f_θ に LSTM を用い m_t は LSTM のセル状態 C_t と隠れ状態 h_t をもって定義する．初期状態の $m_0 = (C_0, h_0)$ は z を用い初期化される．p_t にノード全体に対するロジットをナイーブに出力させると計算量が非常に多くなる可能性がある．そこで $p_t = W f_\theta(m_t, t)$，$W \in \mathbb{R}^{H \times N}$（$H \ll N$）とすることで計算量を削減している．

ノードのサンプリングに微分不可能なカテゴリカル分布を用いているため，そのままだと微分可能なモデルにならない．そこで NetGAN ではガンベル推定量を用いる方法を提案している．具体的には $v_t^* = \mathrm{Softmax}\left(\frac{p_t + g}{\tau}\right)$ としサンプルされるノードは $v_t = \mathrm{onehot}(\mathrm{argmax}\, v_t^*)$ で定める．これによってサンプル自体は v_t で生成するが，微分するときには v_t^* を用いることができる．次ステップで再度サンプルしたものを用いるときは $W_d \in \mathbb{R}^{N \times H}$ をかけることで低次元に戻してから LSTM に代入する．以上のステップによって生成したランダムウォーク系列を識別器を用い，その系列のスコアを Waserstein GAN [198] を用い訓練する．

この枠組みの中でモデルのパラメータ訓練をした後にランダムウォークを生

成し, エッジリストを統合することによってネットワークを構築する. 具体的には次の式を用いて無向ネットワークを生成する.

$$A_{kl} = \frac{\max(S_{kl}, S_{lk})}{\sum_{k'=1}^{N} \sum_{l'>k'}^{N} \max(S_{k'l'}, S_{l'k'})}.$$

ここで S_{kl} はサンプルされたランダムウォーク系列の中で k から l へ移動した回数である.

Rendsburg[199] はそもそもなぜ NetGAN が汎化しているかに疑問を持った. 十分に表現力を持った深層学習モデルであればほぼ完全に入力データを覚えることができる. そのため NetGAN は単に入力データをノイズも含めて完全に再現したものを生成すると考えられるが実際はそうはなっていない. また, NetGAN より簡単なモデルで同等のことを再現できるのではないかとの疑問も持った. そこで生まれたのが **CELL** である.

結論だけ記すが Rendsburg[199] は NetGAN が

$$\min_{W \in \mathbb{R}^{N \times N}} -\sum_{k=1}^{N} \sum_{l>k}^{N} A_{kl} \log(\mathrm{Softmax}_{\mathrm{rows}}(W)_{kl}), \tag{3.16}$$
$$\mathrm{s.t.} \quad \mathrm{rank}(W) \leq H$$

という低ランク近似問題を解いていることと同等であることを示した. ランクの制約条件は $W := W_{\mathrm{down}} W_{\mathrm{up}}$ とし, $W_{\mathrm{down}} \in \mathbb{R}^{N \times H}$, $W_{\mathrm{up}} \in \mathbb{R}^{H \times N}$ とすることで満たすことができ, 訓練パラメータ数は $\mathcal{O}(NH)$ になる.

式 (3.16) はクロスエントロピー最小化問題である. つまり NetGAN はデータの遷移行列に似るように低ランク近似していることと同等であるといえる. CELL は計算量が大幅に削減されるにも関わらず, ほぼ同程度の性能が出ると報告している[199].

3.7　テンポラルグラフと深層学習

3.7.1　動的リンク予測

テンポラルグラフに関する研究は, オープンデータの不足と, インターバンク市場データなどの価値あるデータの入手困難さから, まだ十分に進展しているとはいえない. まず, 本節では Poursafaei[200] が指摘した動的リンク予測

問題の評価における注意点を紹介する．その後，RNN ベースの JODIE と自己アテンションを用いた TGAT を解説する．

　動的リンク予測とは，過去のネットワークデータを用い将来時点におけるエッジの存在を予測する問題である．Poursafaei はこの動的リンク予測問題に関連し，13 種類のオープンデータを用い，ほとんどのエッジがテスト時点までの過去に 1 度は生じていることを明らかにした．これはつまり，過去に出現したエッジを「1」と予測し，それ以外を「0」と予測することが動的リンク予測問題に関して有効であることを示唆している．Poursafaei [200] は，このナイーブな手法を EdgeBank と名付けた．EdgeBank の計算には，過去の全データを必ずしも用いる必要はなく，テスト時の直近のデータのみを使ってもよい．これを $\text{EdgeBank}_{\text{tw}}$ と呼ぶ（tw は時間窓）．さらに，Poursafaei [200] は動的リンク予測のために開発された 6 種類の深層学習モデルと，EdgeBank や $\text{EdgeBank}_{\text{tw}}$ を比較し，単純に動的リンク予測精度を評価すると性能に大きな差がないことを明らかにした．EdgeBank と同等の性能であれば，わざわざ深層学習モデルを開発する必要はないかもしれない．

　しかし，EdgeBank は既に出現したエッジの中でどれが切断されるかを区別できず，テストデータで新たに出現するエッジを予測することができない．こうした EdgeBank の欠陥を踏まえた評価手法を作るべく，Poursafaei [200] は動的リンク予測のパフォーマンス評価において，テスト時点にエッジが存在するという正例に対して，負例を単にランダムにサンプリングするのではなく，特定のサブセットからランダムにサンプリングする方法を 2 つ提案した．

　1 つ目は historical negative sampling と呼ばれる手法である．訓練時に出現したエッジを E_{train}，予測時点のエッジを E_t，予測時点で出現しないエッジを $\overline{E_t}$ としたときに，以下の集合から負例をサンプリングする手法である．

$$e \in E_{\text{train}} \cap \overline{E_t}.$$

この方法は，エッジが再出現する具体的な時点を予測する能力を評価するために，現在のステップでは欠けているが過去時点では観察されたエッジの集合から負例をサンプリングすることに対応している．

　2 つ目は inductive negative sampling 呼ばれる手法である．上式に加えてテストデータに出現するエッジの集合を E_{test} とし，以下のように負例をサン

プリングする.

$$e \in E_{\text{test}} \cap \overline{E}_{\text{train}} \cap \overline{E}_t.$$

これは,テストフェーズ中に初めて現れるエッジの再発パターンに注目するために,テストフェーズでのみ観察され,訓練期間中に存在しなかったエッジを負例のサンプリング対象としている.

　Poursafaei[200] は,これらの異なるサンプリング手法を使用し,EdgeBank は historical negative sampling では精度が極端に低下するが,EdgeBank$_{\text{tw}}$ を使用した場合,他の高精度とされる手法よりも予測精度が高くなることがあると報告している.その一方で,inductive negative sampling の場合は,EdgeBank と比較して深層学習モデルの方が精度が高いとも報告している.

　応用分野によって何を正確に予測したいかは異なる.例えば,インターバンク市場で動的リンク予測を行った Zhang[201] は,精度評価を上述の方法で工夫することはしていないが,銀行間ネットワーク内の既存リンクがシステムリスクの拡散において重要であることやネットワークの疎さに着目して損失関数の工夫を試みている.動的リンク予測に限らない話ではあるが,適用するドメインに応じて適した精度評価法を採用することが重要である.

3.7.2　動的リンク予測モデル

　ノード埋め込みを時間発展させる最も簡単な方法はその様子を RNN で表現することである.**JODIE**[202] では t_0 時点のノード埋め込みを

$$Z_i(t) = \text{RNN}(Z_i(m_i), Z_j(m_j), X_{ij}(t), t - m_i),$$
$$Z_i(t_0) = (1 + (t_0 - m_i)w)Z_i(m_i)$$

とし,エッジの有無を $\text{MLP}([Z_i(t_0); Z_j(t_0)])$ で予測している.ここで $X_{ij}(t)$ は t 時点のエッジ ij の特徴量,m_i は i が最後に他のノードとの間にエッジが存在した時刻,; は結合操作である.

　JODIE は基本的に 2 部グラフを対象にしたモデルである.それに対して **TGAT** は一般的な無向ネットワークを対象にしたものである.TGAT ではノード i の特徴量を $X_i \in \boldsymbol{R}^d$ とし,時点 t より過去の i に隣接していたノードの集合を $\text{Ne}(i; t)$（要素数を M_{it}）とする.ノード i が他のノードとつながっ

た時点の情報を用いるために次の時点を変換する関数を定義する.

$$\Phi_d(t) = \frac{1}{\sqrt{d}} \cos(tw + b).$$

基本的な発想は GCN と同様に過去につながりのあった隣接ノードの情報を集約することでノード埋め込みを獲得する. 最初のレイヤーに関しては GCN 同様に $Z_i^1(t) = \sigma(X_i)$ としてノード特徴量を非線形変換する. 隣接ノードからの情報に関しては, まず i の時点 t における 1 ホップの隣接ノードとの情報を次の形でまとめる.

$$H_i(t) = \left[Z_i^1(t); \Phi_{d_T}(0), Z_{j \in \mathrm{Ne}(v_i; t)}^1; E_{ij}(t); \Phi_{d_T}(t - t_j) \right].$$

ここで ; は結合操作, $Z_i^1(t); \Phi_{d_T}(0)$ はノード i の情報であり $Z_{j \in \mathrm{Ne}(v_i; t)}^1; E_{ij}(t); \Phi_{d_T}(t - t_j)$ は隣接ノードの情報である ($\mathrm{Ne}(v_i; t)$ の数だけある). さらに $E_{ij}(t)$ はエッジ特徴量である. こうしてまとめた情報に対してトランスフォーマーを用い,

$$Q(t) = [H_i(t)]_0 W_Q,$$
$$K(t) = [H_i(t)]_{1:M_{it}} W_K,$$
$$V(t) = [H_i(t)]_{1:M_{it}} W_V$$

とし, 最後に順伝播型ニューラルネットワークにもう一度かけることでノード埋め込みを得る.

$$\widehat{Z}_i^2(t) = \mathrm{Attn}(Q, K, V),$$
$$Z_i^2(t) = \mathrm{ReLu}\left([\widehat{Z}_i^2(t); X_i] W_0 + b_0 \right) W_1 + b_1.$$

最終的にリンク予測は $\mathrm{MLP}[Z_i^2(t_0); Z_j^2(t_0)]$ で行う ♠6.

他にもウェイト行列の遷移を RNN でモデル化する EvolveGCN[203] と呼ばれるモデルやグラフトランスフォーマーを用いた DyGFormer[204] などがある. 少し内容が古いがサーベイ論文としては Xue[205] が詳しい.

♠6論文の表記にあわせた説明はこの通りであるが, 実装を読み取ると Attn と表記した関数の中でも一度残渣接続を伴う順伝播型関数を挟んでいるようである.

3.7.3　テンポラルグラフ生成

　テンポラルネットワークに対してもグラフ生成をモデル化する論文もある. 本項では数少ないテンポラルグラフ生成モデルである **TG-GAN**[206] を紹介する. テンポラルグラフは第 1 章で見た通りスナップショットのネットワークの系列としても見ることができるが, エッジという相互作用の系列として見ることもできる. グラフ $G = (V, E)$ がある際にテンポラルネットワークはノード $V = (v_1, \dots, v_N)$ に対して $E = (e_1, \dots, e_M)$, $e_i = (s_i, r_i, t_i)$, $t_i \in [0, T]$ と表すことができるものである. テンポラルネットワークはテンポラルウォークの和集合と見ることもできる. 仮にテンポラルウォークの分布を $p_G(s)$ とすると $G = \bigcup_{s \sim p_G(s)} s$ になる.

　TG-GAN はその名にもある通り GAN を用いてモデル化する. テンポラルウォークの生成ネットワークを G とし真のデータかどうかを判定する識別ネットワークを D とすると TG-GAN の問題は次のように書ける.

$$\min_G \max_D [E_{G, s \sim p_G(s)}[\log(D(s))]] + E_{z \sim p(z)}[\log(1 - D(G(z)))],$$

$$\text{s.t.}\quad G(z) \in C.$$

ここで s はデータからサンプルした真のテンポラルウォーク, C は時間制約を守ったテンポラルウォークの集合, $G(z)$ は生成されたテンポラルグラフ, $z \sim p(z)$ は正規分布など生成時に用いる分布である. ここで生成器 G は固定長のエッジリストを生成し, それを時間制約を考慮しながら集約することによってテンポラルグラフを生成するものである. $\min_G$ の部分によって生成されるネットワークは極力本物に近づけようとし, $\max_D$ の部分でできる限り本物を見分けられるように識別器を訓練する. 大雑把にアイデアを解説するとこれだけであるが, TG-GAN の工夫はエッジを $\bar{e}_i = (s_i, r_i, \bar{t}_i)(\bar{t}_i = T - t_i)$ とし, 残時間を考慮することで時間制約を導入している. その他にテンポラルグラフ生成を行った試みとしては Tigger[207] が挙げられる.

3.8　GNN と自己学習

　GNN はパラメータが非常に多く，教師ラベルが少ないときには訓練する際に工夫が必要になる．例えば 3.4 節で説明した DiffPool を訓練するときには単にネットワークに付与されているラベルを予測するのではなくリンク予測誤差やコミュニティ割り当てに関するエントロピー制約を追加した．こうした工夫が必要になる理由はグラフプーリングの例に顕著であるが教師ラベルを得ることが困難だからである．大規模な企業ネットワークのデータを入手したとしても財務諸表のデータを獲得できるのはその一部だけかもしれない．SNS などでソーシャルネットワークデータを入手できたとしてもユーザーの正確な属性情報を得るには膨大なコストがかかる．このように教師ラベルは希少である．

　こうした GNN の問題は深層学習を用いる他の分野（自然言語処理や画像処理）でも問題になることが多く**自己学習**（self-supervised learning）と呼ばれる枠組みが活用されている．自己学習とはラベル情報を得ることが難しいときにデータの中で上手に補助タスクを設定することでランダムな初期値よりはいくぶんかましな潜在表現をつくり，そこを新たな出発点として少ないラベルを活用した教師あり学習を行う枠組みである．

　自己学習は大別すると**予測的学習**と**対比的学習**に分けられる．予測的学習とは，例えば自然言語であれば "At the heart of the First Amendment is the [Mask] of the [Mask] importance of the free flow of ideas" など文の中の一部の単語をマスクしたり，"I woke up. Smashed the alarm." に続く文 "Went back to sleep again." を予測するタスクなどである．対比的学習の例として，例えば画像処理では画像から一部を切り取った場合に，同じ元画像同士は距離が近くなり無関係な画像同士は遠くなるようにするタスクが挙げられる．

　GNN における自己学習も大別すると予測的学習と対比的学習に分けられる．GNN における予測的学習はネットワークの一部や全体を再現できるように訓練することである．前述の GAE（VGAE）もネットワークの全体を再現しようとしているという点で自己学習の一種と見ることができる．マスク言語モデルと似た発想のものとしては，ノードやエッジの一部をマスクしてそれらの尤度を最大化するように訓練する **GPT-GNN**[208] が挙げられる．他にもノード特徴量からノードをクラスタリングして作成した補助ラベルを用いるな

と様々な方法が提唱されている.

　対比的学習とは上記の画像処理の例のように元画像の一部を変更した画像の潜在表現上での距離は近く,全く異なる画像同士の潜在表現上での距離は遠くなるように訓練するものである.ネットワークの場合は元のネットワークの一部のエッジをランダムに切断したり足したりすることで近いデータを作成する.2つの変数がある際にその距離は一般的には相互情報量で計算することが可能である.

$$I(x,y) = D_{KL}(p(x,y)||p(x)p(y)) = E_{p(x,y)}\left[\log \frac{p(x,y)}{p(x)p(y)}\right].$$

　しかしこれは計算量が大きいため実用的には Jensen-Shannon 距離[209] や Donsker-Varadhan 推定量,InfoNCE などを推定量として用いることが多い.詳しくは Xie[210] を参照されたい.

 ## 3.9　xAI

　GNN は高い予測精度を実現することもあるが,多くの深層学習モデルがそうであるようにモデルの解釈性が低い.深層学習モデルの解釈性を向上させようとする試みを **xAI**(Explainable AI)と呼ぶ.GNN の場合はノードやエッジの特徴量以外にも,ノードやエッジ自体,グラフパターンが説明の元となる特徴量になる.手法としては自然言語処理や画像処理と同じように勾配を見る方法やデータとモデルの予測を LASSO 回帰や回帰木などの解釈性の高い代理モデルを用いて改めて学習する方法も採用されているが,ここでは特徴量やノード,エッジの中から重要なものを残す**摂動法**を説明する[211].

　摂動法の基本的なアイデアは GNN の予測に対してデータのどの部分が予測精度に寄与しているかを規準としてデータの重要部分を見つけるというものである.図 3.8 にあるように,まず通常通り GNN を訓練し,訓練済み GNN が出力する予測を計算する.これに対して入力データの一部をマスキングアルゴリズムを用いて重要情報と思しき部分のみを残した状態にする.この重要情報のみが残ったと思われるネットワークを元の訓練済みの GNN に入力し,そのマスクデータ予測と元の予測の間の損失の乖離が少なくなるようにマスキングアルゴリズムを訓練する.

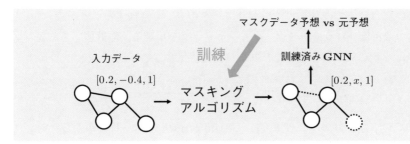

図 3.8 摂動法の概念図

マスキングアルゴリズムはノード・エッジや特徴量を離散的にハードに $\{0,1\}$ でマスクする方法もあれば確率的にソフトに $[0,1]$ でマスクする方法もある．後者の方が微分可能性を担保しやすく計算が楽であるが，完全に入力をマスクしきらないと新たなノイズを入れてしまうことが問題になる（introduced evidence 問題[212]）．そのため **PGExplainer** [213] ではリパラメタリゼーショントリックを用い離散的なマスクを処理する方法を提案している．

PGExplainer の詳細は次の通りである．ここでは単純化してマスキングアルゴリズムは重要なエッジを残すものとする．つまりネットワーク G に対して

$$G = G_s + G_m$$

と分けることである．ここで G_s が残したエッジによって作ることができるネットワークで G_m がマスクしたものである．摂動法の損失関数は相互情報量をもって定義する．

$$\max_{G_s} \mathrm{MI}(Y_o, G_s) = \max_{G_s}[H(Y_o) - H(Y_o|G = G_s)].$$

ここで $H(Y_o)$ は訓練済みの GNN を用いた予測のエントロピーであるため値は定数である．後半の $-H(Y_o|G = G_s)$（ネットワークを G_s に絞った場合の予測のエントロピーを負にしたもの）を最小化すればよいことになる．

ここでエッジの一つ一つを残したり残さなかったりする作業は離散的なものであり，探索的に実行することは組合せ爆発が起きて困難である．仮に

$$A_{ij} \sim \mathrm{Bern}(\theta_{ij})$$

と書いたところで微分不可能でパラメータの θ_{ij} を訓練することができない.
ここでは再度リパラメトリゼーショントリックを用いる. 離散値である各エッ
ジ A_{ij} を次の式で近似することによって連続化する.

$$A_{ij} \sim \mathrm{Sigmoid}\left(\frac{\log(\epsilon) - \log(1 - \epsilon) + \omega_{ij}}{\tau}\right).$$

ここで $\omega_{ij} \in \mathbb{R}$ はエッジの重み, $\epsilon \sim \mathrm{Uniform}(0, 1)$ は一様分布からサンプリ
ングした値, τ は連続近似の際に用いる平滑化のパラメータである.

PGExplainer ではタスクによって ω_{ij} のモデルを変えている. 例えばノー
ド分類問題において, ノード u のラベルを予測するときは次の重み

$$w_{ij} = \mathrm{MLP}(Z_i; Z_j; Z_u)$$

を用い, ノード u のラベル予測に関してエッジ i, j がどれくらい寄与するかを
計算している. ここで ; は結合操作, MLP は多層パーセプトロンである. グ
ラフ分類問題の際は単に $w_{ij} = \mathrm{MLP}(Z_i; Z_j)$ としている.

3.10　異質情報ネットワーク

本章ではノードとエッジの種類が 1 つの場合を基本的に扱ってきた. 第 1 章
で少し触れたがノードとエッジの種類が数種類あり相互に影響しあっている系
を分析する状況をマルチプレックスネットワークと呼ぶ. マルチプレックス
ネットワークの関心はネットワーク間の相互作用をモデル化することである.
これに対して複数種類のノードとエッジの情報を格納する手段としてネット
ワークを構成することがある.

例えば企業ネットワークを考える. 企業関係は何も仕入・販売関係だけで
定まるものではない. 企業間だけを見ても債務・債権関係, 所有関係, フラン
チャイズ関係, 親会社・子会社, 戦略的パートナーシップ関係など多様な関係
が考えられる. また何も企業だけを見ていれば企業がわかるというものでもな
い. 誰が役員を務めているか, 役員がどのような縁戚関係ががるか, ある役員
は他にどこの社外取締役をやっているか, そもそもその企業は何を製造してい
るか, その製品の部品は何かなど企業情報を複合的に見ることで初めてわかる
ことは多い. こうした情報を格納したネットワークのことを異質情報ネット

ワークと呼ぶ.

　異質情報ネットワークとナレッジグラフの違いはその定義と何に注目するかによる. 例えば異質情報ネットワークの定義は次である.

定義 3.2 **異質情報ネットワーク**とは $G = (V, E, T)$ で表されるものである. ここで V はノード集合, E はエッジ集合, T_V はノードの種類, T_E はエッジの種類 ($|T| = |T_V| + |T_E|$) で表されるものである[214].

　$|T_V| = |T_E| = 1$ だといわゆるネットワークと変わらないため暗黙に $|T_V| + |T_E| > 2$ と仮定する.

　異質情報ネットワークを分析するときはメタパスに注目することが多い. メタパスとはノードの種類同士をつないだパス $(t_{v_1}, t_{e_1}, t_{v_2}, t_{e_2}, \ldots, t_{e_{n-1}}, t_{v_n})$ のことである. 例えば (人 A, 役員関係, 企業 X, 役員関係, 人 B) であれば人 A と B は同じ企業で役員を務めていることになる. (人 A, 役員関係, 企業 X, 役員関係, 人 B, 婚姻, 人 C) であれば人 A から見れば人 C は同僚の家族ということになる. (企業 X, 製造, 財 α, 部品, 財 β, 製造, 企業 Y) であれば企業 X にとって企業 Y は潜在的な仕入先になる可能性がある. このようにメタパスは単なるエッジを超えて意味を持つことがある.

　異質情報ネットワークであっても全てのノードタイプとエッジタイプの情報を無視して DeepWalk のようなアルゴリズムをかけることもできるが, メタパスを用いてランダムウォークで遷移できるノード候補を制限した方がリンク予測に適した埋め込みが獲得できることがわかっている. 例えば **metapath2vec** [214] ではノード間の遷移確率を次のように表す.

$$p(v^{i+1}|v_t^i, \rho) = \begin{cases} \frac{1}{|N_{t+1}(v_t^i)|} & (v^{i+1}, v_t^i) \in E, \quad \phi(v^{i+1}) = t+1 \\ 0 & (v^{i+1}, v_t^i) \in E, \quad \phi(v^{i+1}) \neq t+1 \\ 0 & (v^{i+1}, v_t^i) \notin E. \end{cases}$$

ここで $\rho : V_1 \xrightarrow{R_1} V_2 \xrightarrow{R_2} \cdots \xrightarrow{R_t} V_t$ はメタパスを表し, ϕ は v のノードタイプを表す写像, $N_{t+1}(v_t^i)$ は $v^{i+1} \in V_{t+1}$ となるノードの集合である. 同様にメタパスを用いた方法に関しては Xie [210] を参照されたい.

3.11　ナレッジグラフ

動機としては異質情報ネットワークと同じで異質な情報を格納する手段であるが，ナレッジグラフはネットワークに対して付加的にノードや関係を足すのではなく，そもそも関係をファクトとして捉え一種のデータベースとして見ることにその違いがある．ナレッジグラフは次のように定義される．

定義 3.3　**ナレッジグラフ**とは $G = (E, R, F)$ で表されるものである．ここで $E = \{e_1, \dots, e_N\}$ はエンティティの集合であり，$R = \{r_1, \dots, r_M\}$ は関係の集合である．F はこのエンティティと関係を用いて表されるファクト $((s, r, t), F \in E \times R \times E)$ の集合である[215]♠7．

定義からもわかる通りナレッジグラフでは全ての情報をタプル形式で表す．これは例えば国籍などの属性に関する情報はノードラベルとして特徴量やラベルにすることも考えられるが，その場合でも例えば (Joe Biden, nationality, U.S) という形で全てをタプルで表す．この国名同士も例えば (U.S., major exports, Canada) というように関係を記載することができる．どのように格納する情報を扱うべきかはユースケースによるためドメインに応じてどの形式が良いか考える必要がある．

ナレッジグラフに格納する情報を全て手動で用意することは非常に困難である．実際 Wikpedia に記載されている情報をナレッジグラフ状に格納する試みとして DBpedia がある．Wikipedia に記載されている情報が限定的である♠8 ことからもわかる通り，DBpedia で A さんの居住地が記載されて A さんと B さんが婚姻関係にあると記載されてたとしても B さんの居住地は記載されていないかもしれない．夫婦は同居していることが多いため B さんは同じ居住地である可能性が高い．こうしたデータベースを通して成立しているルールを用いて情報を増やす方法をナレッジグラフ補完と呼ぶ．定義は次の通りである．

♠7一般的に (source,relation,target) の (s, r, t) ではなく (head,relation,tail) の (h, r, t) と書くことが多いが，本書では全体の統一性をとるために (s, r, t) で書く．

♠8例えば上場企業の情報ですら全て格納されていない．

定義 **3.4** **ナレッジグラフ補完**とはナレッジグラフ $G = (E, R, F)$ があるとき
に G を元にして G にはないファクト (s, r, t) を補完する問題のことである[215].

 ナレッジグラフ補完自体は第 2 章で解説した HLMRF でも解くことはでき
る. HLMRF で記述するルールの 1 つとして

$$\text{LiveIn}(A, x) \cap \text{Spouse}(A, B) \rightarrow \text{LiveIn}(B, x) \tag{3.17}$$

を含め重みを推論すれば, このルールによって B さんが居住地 x に住んでいる
スコアを計算することが可能になる. これ以外にももっとランダムウォークに
基づく方法もある. 例えば**パスランキングアルゴリズム**[216] ではターゲットと
なるファクト (上の例なら $\text{LiveIn}(B, x)$) に対して出発点の B と x の間で直接
$\text{LiveIn}(B, x)$ 以外の関係である固定長までのランダムウォークでたどり着ける
全てのパスを探す. 例えば $\text{Spouse}^{-1}(B, A) \rightarrow \text{LiveIn}(A, x)$ とたどることが
考えられる. こうした関係パス (relational path) P は $P = R_1 \ldots R_l$ という
ように関係型で特徴づけることができる. $P = R_1 \ldots R_l$ と $P' = R_1 \ldots R_{l-1}$
に対して

$$h_{s,P}(e) = \sum_{e' \in \text{range}(P')} h_{s,P'}(e') p(e|e'; R_l).$$

ここで $p(e|e'; R_l) = \frac{R_l(e', e)}{|R_l(e', \cdot)|}$ は e から e' に関係 R_l をたどって 1 ステップで
たどり着ける確率である. $P = \emptyset$ のときは

$$h_{s,P}(e) = \begin{cases} 1 & \text{if} \quad e = s \\ 0 & \text{else} \end{cases}$$

と定義する. こうして計算した出発点 s とたどり着きたい先 e と i 番目のパス
P_i に対して計算した $h_{s,P_i}(e)$ をパスの特徴量としてスコアを設定し

$$\text{score}(e; s) = \sum_{P \in P_l} h_{s,P}(e) \theta_P$$

ロジスティック回帰をすることで推定する.

 HLMRF は計算量に問題がある. パスランキングアルゴリズムは計算量的
にも簡易で解釈性も高いが精度がそれほど高いわけではない. こうした事態に

対応すべく 2010 年代以降は単語埋め込みやノード埋め込み同様に分散表現を
用いた手法に関心が集まるようになった.

　Word2vec がヒットした 1 つの理由は単語間の演算ができることにあった.
例えば「日本」という単語のベクトルから「東京」という単語のベクトルを引
いたベクトルが,「米国」という単語から「ワシントン D.C.」という単語を引
いたベクトルと似ているという加法演算を比較的簡単な手法で再現できていた
ことが注目を集めた理由である.

　この加法的な演算性をナレッジグラフに応用したモデルが **TransE**[217] で
ある. TransE ではノードと関係を D 次元の実数ベクトルで表現する. 加法演
算性を再現するためにソースとなるノード (s) に関係 (r) を足せばターゲッ
ト (t) になる ($s + r \sim t$) ようにベクトル表現を作ろうとする. この性質を
満たせるように次のスコア関数を極大化する.

$$f_r(s, t) = ||s + r - t||_{l_1/l_2}$$

ここで l_1/l_2 とは l_1 ノルムと l_2 ノルムのどちらを用いることもできるという
意味である. TransE は計算量も軽く比較的うまくいくが, 1 対多関係, 多対
1 関係, 多対多関係をうまく表現することができないことが知られている. そ
のため **Holographic Embedding**（以下, HolE)[218] など様々な改善版モ
デルが提案されている. HolE では

$$f_r(s, t) = \mathrm{Sigmoid}\left(r^\top (s \star t)\right)$$

とする. ここで $s \star t : \mathbb{R} \times \mathbb{R} \to \mathbb{R}$ は

$$[s \star t]_k = \sum_{i=0}^{d-1} s_i t_{(i+k)\bmod d}$$

と循環相関（circular correlation）を表す. 循環相関はテンソル積を圧縮し
たものと捉えることができ, ソースとターゲットの間で循環相関としてオ
ンになっているものがあれば関係があるということになる. 循環相関は交
換法則が成立しない. つまり有向の関係を表現することにも使える. また,
$[s \star t]_0 = \sum_{i=0}^{d-1} s_i t_i$ となっていることからエンティティ同士が似通っている
かを用いて関係の有無を判断できることも特徴になっている.

ベクトル表現は何も実数 $\mathbb{R}^D$ ではなくてもよい．中でも **RotatE**[219] は精度が高い手法として有名である．RotatE ではオイラーの公式（$e^{i\theta} = \cos\theta + i\sin\theta$）を元に関係をソースからターゲットへの複素空間 $\mathbb{C}^D$ 上での回転として次のように表現する．

$$f_r(s,t) = \|s \circ r - t\|.$$

ここで ∘ は複素空間上での Hadamard 積である．RotatE は対称性，非対称性，反転性，構成パターンなど様々な関係を表現できることが知られている．

同程度の精度がでるモデルとしてさらに超複素数（$s, r, t \in \mathbb{H}$）♠9を用いた **QuantE**[220] と呼ばれるモデルもある．複素数が 2 次元上の回転を表しているのに対し，超複素数は 3 次元上の回転を表しているものと理解できる．QuantE は関係を次のように定義している．

$$f_r(s,t) = s \otimes \frac{r}{|r|} \cdot t.$$

ここで ⊗ は Hamilton 積である．QuantE は RotatE の素直な一般化であるが，RotatE や TransE が構成パターンを表現するときに関係の演算を 2 重に繰り返すのに対し（$r_1 + r_2$ や $r_1 \circ r_2$），関係を計算する際にエンティティの埋め込みも加味されることに特徴がある．これは特に x より y は年上，y より z が年上，という状況のときに x より z は年上というような関係の演算を 2 重に繰り返す必要がない関係を表現する際に役立つ．

深層学習を用いた方法もある．**ConvE**[221] ではソースと関係ベクトルを交互に行へスタックするなど 2 次元の行列に変形し結合し（M_s, M_r），2 次元の畳み込み操作をかけた後に非線形性をいくつか挟むことで次のようにスコア関数を定義する．

$$f_r(s,t) = \sigma(\text{vec}(\sigma([M_s; M_r] * \omega))W)t.$$

ここで vec はベクトル化操作を表し $[M_s; M_r]$ の部分で 2 次元の行列への変形を表す．$*$ は畳み込み操作，W は重み行列である．2 次元の行列に変形するこ

♠9超複素数は四元数とも呼ばれる．実数 1 つ（a）と 3 つの虚数（i, j, k）を定義し，$i^2 = j^2 = k^2 = ijk = -1$ が成立する．

とで畳み込み操作時にベクトル間の相互関係をよりとれるようになり精度が上がることが報告されている.

しかし ConvE の精度はソースと関係ベクトルを交互に行へスタックするなど2次元行列への変形の仕方によって影響がでることがわかっている. またこの変形が何を捉えているのか直観的には理解しづらい.

この問題を解決するために **HypER** [222] では関係ベクトルをハイパーネットワーク[223]♠10を用いて変換し,変換したものを用いて畳み込み操作を行っている. 具体的にはノード (s,t) の次元を $\mathbb{R}^{d_e}$,関係 (r) の次元を $\mathbb{R}^{d_r}$ とする. 各関係 r に対して $d_r \times l_f n_f$ の実行列 H(ハイパーネットワーク)をかける. ここで l_f はフィルターの長さ,n_f は関係ごとのフィルター数である. rH は長さ $l_f n_f$ の長さのベクトルになるため,それを $l_f \times n_f$ の行列に変換する(この操作を vec^{-1} と書き $F_r = \mathrm{vec}^{-1}(rH)$ とする). ソースノードの埋め込み s に対して F_r を用い,畳み込み操作を行うことで $M_r := s * \mathrm{vec}^{-1}(w_r H) \in \mathbb{R}^{(d_e - l_f + 1) \times n_f}$ を得る. この行列をさらにベクトル化し($\mathrm{vec}(M_r) \in \mathbb{R}^{(d_e - l_f + 1) n_f}$),重み行列 $W \in \mathbb{R}^{(d_e - l_f + 1) n_f \times d_e}$ をかけ,最後に ReLU 関数に通す. これらの操作によってソースノードの表現から関係 r を用いて抽出できる特徴量を抽出する. こうして得られた表現をターゲットノード t との間で直積をとることでスコアを得る. 数式では次のように書ける.

$$f_r(s,t) = \sigma\left(\mathrm{vec}(s * F_r)W\right)t$$
$$= \sigma\left(\mathrm{vec}\left(s * \mathrm{vec}^{-1}(w_r H)\right)W\right)t.$$

HypER のパラメータ数は ConvE のパラメータ数より少ないが表現力では勝っており実際にベンチマークタスクでの精度は上回っている.

本章ではナレッジグラフ補完で使われるモデルのうち,精度が高く面白いもの中心に紹介した. その他のモデルについては Chen [224] を参照されたい. また,これまで使用されていたナレッジグラフには冗長性があり,精度が高く見積もられていたとの指摘があることにも注意したい[225]. Python モジュールとしてはデータが豊富であるため PyKEEN が便利である.

♠10ハイパーグラフとは別物である.

経済ネットワークの分析 4

本章では経済ネットワーク分析の一例として送金データの複雑ネットワーク分析と，株価の変動要因の1つである特定のニュースイベントが生じる可能性を異質情報ネットワークを用いて予測するという試みを紹介する．前半の手法を全て試すというわけにはいかなかったが，ネットワーク学習の手法を用いてどういうことができるか考えるきっかけになれば幸いである．また，本章で扱うデータはどちらもクローズドデータであるため公開することはできないが，近い性質を持つデータについても最後に軽く言及する．

4.1 銀行送金データの複雑ネットワーク分析

4.1.1 銀行送金データ

国内の都市銀行から提供を受けた企業間の銀行送金データを用いて，企業間のお金の流れをネットワーク分析した研究を紹介する[226]．データには，2019年4月から2021年2月末までの期間について，何月何日にどの企業からどの企業にいくらの金額が送金されたかについての情報が入っている．データ提供いただいた銀行を一切介さない送金の情報は含まれないが，送金量を踏まえると都内における企業間送金は十分に反映されたネットワークになっていると考えられる．

これまで国内の企業間の取引関係については様々なネットワーク分析が行われてきた[227]~[231] が，これらの研究で用いられている企業間取引のデータは，調査会社による聴き取り調査に基づいて作成されたものであり，取引関係（リンク）の重みに関する情報がない場合が多く，取引額の小さい企業やリンクはデータに含まれていない．また，調査を行うには一定の時間が必要となるため，1ヶ月ごとといった短い時間解像度でネットワークの時間変動を観測することは困難である．一方，ここで扱うデータは企業間送金を仲介する銀行から

提供を受けた現実の送金データであるため，送金額を加味した上で 1 ヶ月ごとの時間変動などネットワークが時間発展する様子を分析することも可能である．一般に，ノードやリンクに時間情報を含むネットワークのことをテンポラルグラフと呼ぶ[53]．

4.1.2　企業間の送金ネットワークの統計性

　全期間で送金か着金を 100 回以上行った企業に限定して解析を行う．企業をノードとし，企業 i から企業 j に送金がされていればノード i からノード j に有向リンクをつなぐ（$i \to j$）ことで，約 8 万個のノードと約 2,600 万個の有向リンクで構成される有向ネットワークを構築した（図 4.1）．リンクの向きはお金の流れの向きになる．企業の主な業種は卸売業（全企業の 16.3%），小売業（8.2%），不動産業（8.1%），情報通信業（8.0%），学術研究・専門・技術サービス業（7.8%），その他のサービス（7.1%），建設業（7.0%）である．

　一般に，有向ネットワークは最大強連結成分（GSCC，任意の 2 つのノード間に有向路が存在する成分で最大のもの），GSCC に送金する成分（In），GSCC から送金を受ける成分（Out）などいくつかの成分に分解できる（第 1 章図 1.12 (a)）．全期間で構築した送金ネットワークは93.8% の企業が GSCC に属し，In は 1.2%，Out は 5.0% である．厳密にテンポラルグラフとして扱った場合は異なるが[53]，集約化した送金ネットワークにおける GSCC は自分が送金したお金が自分に戻ってくる状況にある企業の集合を表す．送金か着金を100 回以上行った企業に限定していることに注意する必要はあるが，90% 以上もの企業が GSCC に属すことは特筆すべき性質である．

　ノードの入次数と出次数は，どちらもべき分布に従っており，スケールフリーネットワークになっている（図 4.2 (a)）．聴き取り調査に基づいて構成した企業間の取引ネットワークでもほぼ同じべき指数のべき分布が確認されている[227]．全期間で各企業が受け取った総送金額，支払った総送金額についても，どちらもべき分布に従っており，送金額にも大きな格差がある（図 4.2 (b)）．他の地域における企業間送金データの解析においても，次数と送金金額にほぼ同様のべき分布が観測されており[232]，これらは普遍的な性質であると考えられる．

　テンポラルグラフでは，安定して存在するリンクとそうでないリンクを区別

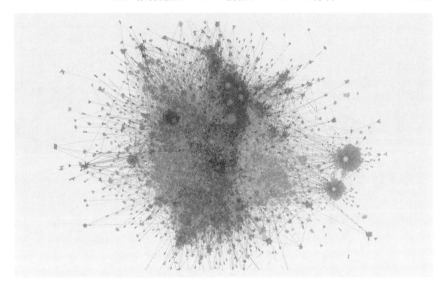

図 4.1　構築した企業間の送金ネットワークの一部．全期間の送金
量の総和が 2 億円以上のリンクに限定して描画した[39]．標
準的なモジュラリティ最大化によって推定したコミュニ
ティを色で示している．

することがある[53], [233]．この発想は銀行送金ネットワークの分析においても
重要である．安定して存在するリンクはいわば送金ネットワークの骨組みを表
している内生的な伝播メカニズムを表したものであり，それに対して一過的な
ものは外生的なショックに対応するものと捉えることができるからである．こ
のように複雑なシステムを内生的メカニズムと外生的ショックに分けて分析す
ることは，経済学[65] のみらず複雑系科学[234] でも見られる発想である．以降
ではリンクの安定性に注目した分析を行う．

　図 4.3 (a) は，1 日ごとにリンクの出現の有無（つまり，送金の有無）を観
測したときの全期間での各リンクの出現日数（回数）を表したヒストグラムで
ある．1 度（1 日）しか出現しないリンクが 31.0% ある反面，464 日間（1 日
に 12 回の頻度）も出現するリンクも存在している．興味深いのは 20 日付近
にピークがあることで，これは毎月送金が行われているリンクを表している．
次に，1 ヶ月ごとにリンクの出現の有無を観測したときの出現月数のヒストグ

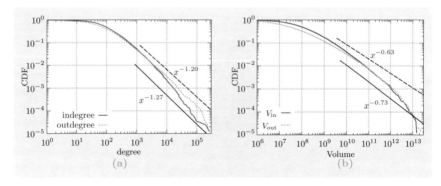

図 4.2　(a) 入次数 (indegree) と出次数 (outdegree) の相補累積分布
　　　　関数, (b) 受け取った送金額 (v_{in}) と支払った送金額 (v_{out})
　　　　の相補累積分布関数 (単位は円). 最尤法と Kolmogorov-
　　　　Smirnov 統計量で見積もったべき分布の下限値 $x_{\min}$ とべ
　　　　き指数 α[22] は, 入次数は $x_{\min} = 771$, $\alpha = 1.27$, 出次数
　　　　は $x_{\min} = 1167$, $\alpha = 1.20$, v_{in} は $x_{\min} = 4434864542$,
　　　　$\alpha = 0.73$, v_{out} は $x_{\min} = 3311490098$, $\alpha = 0.63$.

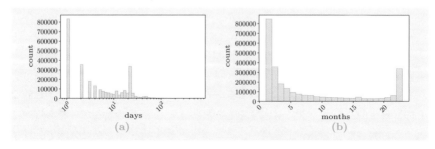

図 4.3　(a) リンクの出現日数のヒストグラム (横軸は対数目盛で
　　　　あることに注意), (b) リンクの出現月数のヒストグラム

ラムを描画すると (図 4.3 (b)). 1 度 (1 ヶ月) しか出現していないリンクが
31.5% ある反面, 全期間 (23 ヶ月間) 毎月出現したリンクも 12.6% ほど見ら
れる. このことから, 骨組みをなしているリンクとそうでないリンクが混在し
ていることがわかる.
　平均送金額の日次推移を確認したところ (図 4.4), 視覚的には時期による大

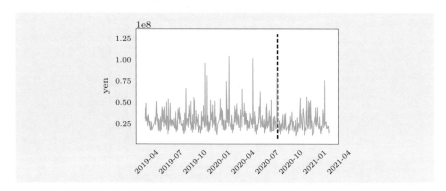

図 4.4　平均送金額の日次推移．赤い破線はベイジアン変化点検知
が検知した変化点を表している．

きな変化は認められず，3,000 万円程度の金額を推移している．しかし，基本
的な変化点検知の手法であるベイジアン変化点検知[2], [235]♠1 を用いて変化点を
検知すると，2022 年 8 月 14 日時点（図 4.4 の黒い破線）に変化点を検知する
ことがわかった．新型コロナウイルス感染症（COVID-19）による影響が送金
ネットワークに生じたのがこの時期であると推察される．

4.1.3　1 ヶ月ごとに見た企業間の送金ネットワーク

　1 ヶ月ごとに送金ネットワークを構築して GSCC の大きさ（GSCC を構成
するノード数）を算出したところ，緊急事態宣言が発令されるなど COVID-19
の影響が出始めたと考えられる 2020 年 5 月頃から GSCC の大きさが減少し
ていることがわかる（図 4.5）．GSCC に属するノードについて，任意の 2 つの
ノード間の最短経路長の平均値を計算すると，2020 年 5 月以降は経路長が長
くなっていることがわかる（図 4.6）．また，GSCC に属するノードについて，
自己ループの最短経路長（あるノードについて，そのノードから出発してその
ノードに戻る最短の経路長）を計算すると 50.5% のノードが経路長 2，21.7%
が 3，21.3% が 4，5.6% が 5，0.8% が 6 となり（最大は 8），2 つの企業間で
相互に送金し合うことが多いことがわかる．自己ループの最短経路長の月次推
移にも，先ほどと同様の傾向が見られる（図 4.7）．自己ループの最短経路長

♠1ベイズの定理を用いて，1 つ前の変化点からの経過時間の事後確率を求めることにより
オンライン変化点検知する手法．本ライブラリ第 2 巻の 1.4.5 項参照[2]．

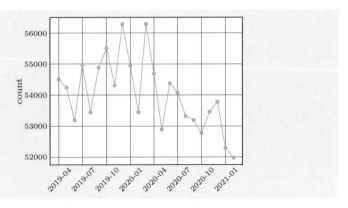

図 4.5　送金ネットワークの GSCC の大きさの月次推移

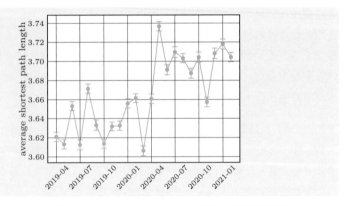

図 4.6　GSCC に属するノードについてのノード間の最短経路長の
平均値の月次推移．平均値はランダムに 300 個のノードを
選んでそれらについて計算した結果である．エラーバーは
ブートストラップ法を用いて求めた 95% 信頼区間を示す．

は，自分が送金したお金が何ステップで自分に戻ってくるかを計算しているた
め，「金は天下の回り物」の度合いを表す経済指標と見ることができる．自己
ループ構造に注目して得られたこれらの結果は，コロナ禍でお金の流れが滞っ
ている状況を反映していると考えられる．

　ネットワークの隣接行列そのものに注目にした分析でも同様の洞察を導くこ

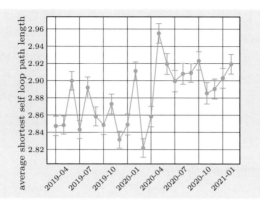

図 4.7 GSCC に属するノードについての自己ループの最短経路長
の平均値の月次推移．平均値は全期間で GSCC に属する
ノードについて計算した結果である．エラーバーはブート
ストラップ法を用いて求めた 95% 信頼区間を示す．

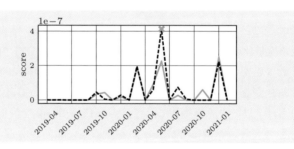

図 4.8 ラプラシアン異常検知の結果．黒い破線は 3 ヶ月幅，青い
実線は 6 ヶ月幅で計算したスコアを示す．

とができる．各月のネットワークを隣接行列として定義し，ラプラシアン異常
検知を用いた分析を行った[236]．ラプラシアン異常検知とはスペクトラム（グ
ラフラプラシアン）に注目して異常や変化点を検知する手法である[2], [236]．時
点 t でのネットワークのグラフラプラシアンの上位 K 個（ここでは $K = 50$
とした）の特異値をそのネットワークの埋め込みベクトル v_t として定義し，過
去の埋め込みベクトルからコンテキスト行列を作成し，そのコンテキスト行列
から予測されるベクトルと時点 t の実際の埋め込みベクトル v_t を比較するこ

とで異常スコアを計算するものである．ラプラシアン異常検知で分析して得られた異常スコアの推移を図 4.8 に示す．コンテキスト行列を作る際の窓の大きさによる違いは見られるが，COVID-19 期において明確に異常スコアをたたき出していることがよくわかる．

このように，送金データは社会情勢の変化を色濃く表したデータであると同時に基礎統計から発展的な手法まで様々な方法でその変化を抽出することが可能であることがわかる．

4.1.4　中心性指標の時間変化

ネットワーク上でどのノードが重要であるかを定量化する中心性の指標は，次数中心性，近接中心性，媒介中心性，PageRank など用途に応じて様々なものが提案されている．PageRank では，ネットワーク上のノードをウォーカーがランダムウォークする状況を考える．そして，ウォーカーが有向リンクに沿ってノードからノードへランダムに移動するとき（ただし，行き止まりになるノードに到達した場合は，次の時刻では全ノードのいずれかのノードに等確率で移動することとする），ウォーカーがどのくらいそのノードに滞在するかで重要度を定量化する[237]．ノードが大きな PageRank を持つためには，単に入次数が大きいだけでなく，リンク元のノードの PageRank が大きいことも重要になる．調査会社による聴き取り調査データを用いてある一時点での企業間取引ネットワークを構築して，各企業の PageRank を分析した研究では，PageRank の大きい企業ほど成長率が有意に高い傾向があることが明らかになっている[227]．企業の成長率は企業規模や次数といった企業そのものの単独の情報だけから得られる特徴量とはほぼ無相関であることから，PageRank で測られるような他企業との関係の濃さが企業成長率の決定要因として重要であることを示している．

前項のように 1 ヶ月ごとに送金ネットワークを構築して各月の中心性指標を計算することで，中心性指標の時間変化を調べてみよう．全期間を通じて毎月，送着金が確認できる企業は約 7.7 万社である．これらの企業に対して PageRank を毎月計算する．各企業の PageRank の時系列を平均値を差し引き標準偏差で割ることで規格化し，K-Shape 法[238] を用いて 20 個のグループ

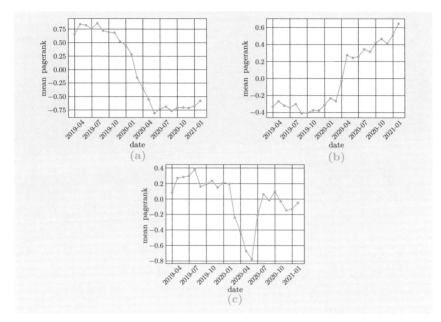

図 4.9　クラスタリングされた PageRank 時系列の平均値

にクラスタリングした♠2. 得られた 20 個のグループのうち 3 つのグループについて，クラスタリングされた PageRank 時系列の平均値を図 4.9 に示した．図 4.9 (a) のグループは，COVID-19 が発生した時期に中心性指標が下がり，その後も元のレベルまで回復していないことがわかる．このグループに属している企業の産業分類コードの上位は宿泊業が 20.9%，飲食業が 9%，運輸業・郵便業が 8.3%，生活関連サービス業・娯楽業が 7.8%，食料品が 7.4% になっており，COVID-19 期において特に大きな打撃を受けた業種であると考えられる．一方，図 4.9 (b) のグループは，一貫して中心性指標が上昇している．このグループに属している企業の産業分類コードの上位は保険業が 5.6%，医療・保健衛生が 5.3%，生活関連サービス業・娯楽業が 5.1%，医療・福祉が 4.8%，飲食業が 4.7% になっており医療系の企業が多く，COVID-19 の影響で需要が増した業種であると考えられる．図 4.9 (c) のグループは，COVID-19

♠2K-shape 法は形状ベースのクラスタリング手法の 1 つで時系列クラスタリングの際によく使用される手法である．

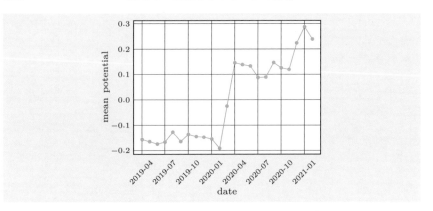

図 4.10　クラスタリングされたポテンシャル値の時系列の平均値

が発生した時期に中心性指標が一時的に下がり，その後すぐに元の値に回復したような企業である．このグループに属している企業は小売業が 4.3%，食料品が 4.2%，医療・福祉が 4.2%，運輸業・郵便業が 4.1%，飲食業が 3.8% である．これらは，COVID-19 の影響が一時的なもので済んだ企業であると推測される．以上のように，送金ネットワークの構造が時間変化することで企業の PageRank もダイナミックに時間変動することがわかる．

　有向ネットワーク上の位置からノードを特徴づける別の方法として，各ノードがネットワーク全体でどのくらい上流（下流）に位置しているかを Helmholtz-Hodge 分解を用いてポテンシャルとして定量化する手法がある[77]．Helmholtz-Hodge 分解とは有向ネットワークの流れを勾配流と循環流に分ける手法である．Helmholtz-Hodge 分解によって得られるポテンシャル値はそのノードが上流にいるのか下流にいるのかを表す指標として用いることができる．

　各企業についてポテンシャル値の時系列を算出して中心性指標と同様にクラスタリングを行った．得られた 20 個のグループのうち 1 つのグループについて，クラスタリングされたポテンシャル値の時系列の平均値を図 4.10 に示した．このグループに属している企業は保険業が 5.6%，医療・保健衛生が 5.0%，飲食業が 4.9%，教育・学習支援業が 4.8%，各種団体が 4.3% である．下流の方に位置していたこれらの企業がコロナ禍の影響で上流の方に移動している様

子がはっきりと確認できる．これはあくまで憶測に過ぎないが，医療・保健衛生に関しては需要が高まった結果として仕入を増やすことになり総金量を増やしたことが上流に移動した原因と考えられる．一方，このグループ以外では解釈性の高いグループは見られなかった．各企業がネットワーク上でどの程度上流（下流）に位置しているかは基本的に業種で決まってくるため，時期による変動は一般的には起きにくいことが考えられる．

4.1.5　2次マルコフ過程

ネットワークにおける2次マルコフ過程とはお金がノード間を遷移する際，直前にどのリンクをたどってそのノードに到達したか（着金元）によって次の遷移先（送金先）の確率が変わるモデルのことである[53], [82]．第1章図 1.15 に通常の1次マルコフ過程と2次マルコフ過程の概念図を示した．リンクの太さは確率を表しているものとする．1次マルコフ過程（図 1.15 (a)）ではノード a から遷移しようが，ノード b から遷移しようが，ノード c からノード d に遷移する確率やノード c からノード e に遷移する確率は変わらない．それに対して2次マルコフ過程（図 1.15 (b)）では両者の確率は異なっている．

送金ネットワークにおいては着金元はその後の送金先と相関することが考えられる．例えば，製造業において部品を製造している企業はクライアントによって製造する部品は異なる．つまり，製造する部品の原材料が異なれば，仕入元つまり送金先も異なることになる．こうした事例からも明らかな通り，送金ネットワークにおいてはリンク間に相関があるものと考えられる．実際，3つの企業間の有向リンク構造には業種を特徴づけるモチーフ構造があること[228] やハブ度とオーソリティ度によって2リンクでつながる構造に非対称性があること[227] が明らかになっている．

リンク間の遷移が記録されているデータの場合は，単純に1次マルコフ過程を仮定した場合のエントロピーと2次マルコフ過程を仮定した場合のエントロピーを比較することで，1次マルコフ過程と2次マルコフ過程のどちらがふさわしいかを検討することができることは第1章でも紹介した[53]．ここで p_i^* はノード i の定常状態確率，p_{ij}^* はリンク ij の定常状態確率，$p(i \to j)$ はノード i から j への遷移確率，$p(ij \to jk)$ はリンク ij から jk への遷移確率である．しかしながら，どの着金がどの送金につながったのかが記録されていない送金

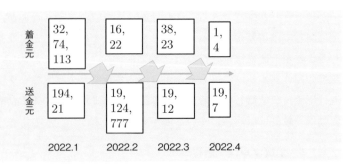

図 4.11　送金データにおけるあるノードに注目したときの 2 次マ
ルコフ過程検証の概念図．四角の中の数字は企業番号を
表している．

ネットワークでは，この方法を採用することは困難である．

　そこで，ここでは図 4.11 のように月ごとに着金元と送金先の情報を分けて，
前月の着金元から今月の送金先を予測する問題を考える．前月の着金元と今月
の送金先を，送金回数を要素の値に持つ（全企業数）約 8 万次元のベクトルと
して表現する（なお，単純に月内で送金があったか否かのバイナリ情報を要素
の値として解析しても同様の結果が得られる）．2 年弱あるデータのうち最初
の 16 ヶ月を訓練データとして，ランダムフォレストによって前月の着金元か
ら今月の送金先を学習する．このモデルを用いて残りのテストデータの送金先
を予測する．評価指標に関してはモデルが予測した送金先ベクトルと実際のも
のの 2 乗平均平方根誤差（Root Mean Squared Error，以下 RMSE）で評価
した．

　この元データに対して送金先の時点をランダムに並び替えた帰無データを
100 個作成する．仮にこの帰無データに対して全く同じ枠組みで予測したとき
に著しく予測精度が悪化していれば，前月の着金元の情報と今月の送金先の情
報の間には相関があるといえる．

　ランダムに 50 個ノードを選び，それらのノードに対して前月の着金元から
今月の送金先を予測する実験を行い，RMSE を算出した．ある 2 つのノード
についての結果を図 4.12 に示す．どちらのノードに対しても実データの方が
予測精度がよくなっていることがわかる．50 個のノードのうち，このように

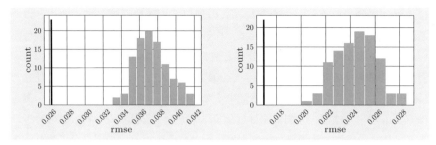

図 4.12 ある 2 つの企業について，前月の着金元から今月の送金
先を予測する実験を行って得られた RMSE．黒い実線が
実データの RMSE，ヒストグラムは 100 個の帰無データ
の RMSE．

帰無データよりも実データの方が予測精度が良くなったノードは 37 個であっ
た．送金データは 2 次マルコフ過程の方が 1 次マルコフ過程に対して近似精度
が良い可能性があることが示唆される．こうした洞察は送金ネットワークにお
ける予兆モデルを作成する際にも役立つことが期待される．

4.2 ニュースイベント予測と異質情報ネットワーク

4.2.1 効率的市場仮説とニュースイベント

　企業は企業の所有権を小分けにした株式を発行することで資金を調達するこ
とができる．本ライブラリの山西[2] 第 2 章では株式と所有権の関係や株式所
有ネットワークの異常検知，株価の銘柄間の相関構造やその変化点について解
説されている．そのためそれらの基本的な話題は割愛し，本節では株価の変動
要因の 1 つである特定のニュースイベントが生じる可能性を異質情報ネット
ワークを用いて予測する試みを紹介する[33]♠3．

　株価は市場参加者が株価に関係する情報を織り込むことで日々変動する．経
済学の**効率的市場仮説** (efficient market hypothesis)[239], [240] によると資産価
格は関係する全ての情報を反映しているものとされる．つまり効率的市場仮説

　♠3ここで作ったネットワークをナレッジグラフと呼ぶか異質情報ネットワークと呼ぶかは
微妙なところではあるが，最終的なアルゴリズムが企業ノードを中心にしているため異質情
報ネットワークとしている．

によれば株価は時点ごとの企業の株式の価値を正確に反映していることになる．つまり効率的市場仮説によれば，株価は各時点においてその企業の価値がいくらになるかをその時点で知り得る情報を全て用いて算出したものである．資産価格に関する実証研究を通じて 2013 年にノーベル経済学賞を受賞したFama はこの効率的市場仮説を検証するために多くの研究を行ってきた．例えば Fama [241] では株式分割に注目したイベント分析を行った．Fama の分析によると株式分割による影響は分割が実際行われる時点までの間に全て織り込まれており効率的市場仮説の通りだと報告した．Fama [241] の意義は株式分割という特定のイベントを分析したことではなく，イベント分析を通じて効率的市場仮説を検証したそれ以降の多くの実証論文につながったことにある．実際それ以降，決算発表，合併の報道など様々なイベント分析を通じて効率的市場仮説を検証した論文が今日に至るまで発表されている [242]．

　株価に影響のある情報は何も配当や財務状況など将来のキャッシュフローに直ちに関係する情報だけとは限らない．リコールなど製品に関係する話題や独占禁止法に抵触したなど規制に関係する話題，テロ組織への資金提供やマネーロンダリングなどの違法行為に関与している外国企業との関係，粉飾会計の疑義，環境に対する配慮まで報道を通じて公開される情報も多く含まれる．特に近年では企業の環境，社会的責任，ガバナンスに対して責任を求める声が強くネガティブな報道がなされることで生じるリスクを ESG（Environment Social Governance）リスクと固有の名称で呼ぶことがあり [243], [244]，企業に対して社会的責任を求める声が増えるにつれて株価に関係する情報の幅は拡がっている．

　こうした事情を反映してか効率的市場仮説と関係してニュースイベントを分析する研究も多くある [245]．しかし，そうした研究は効率的市場仮説の検証という観点からは有意義だが，実際の投資に活用するとなるとニュースが発表された後にしか投資家が反応できないという本質的な欠点がある．その事後的な性質から事実上「泥棒を見てから縄を綯う」ようなものであるといえる．また，実際の報道を思い浮かべれば想像つくが，A 社がきっかけとして生じた報道が他社へ飛び火することもよくある．この場合は基本的に A 社の株価が急落・急騰してから少し時間が経った後に B 社に対して報道がなされて，そこで始めて

株価に変化が起きることもあれば，A 社と B 社の関係に先んじて気が付いた市場参加者が行動を起こすこともある♠4．この点を踏まえると企業間の関係性に注目することでまだ報道されていない特定のニュースイベントを予測できないかという素朴な疑問が湧いてくる．

そこで本節では上場企業に対して特定のニュースイベントが生じる可能性を異質情報ネットワークを用いて予測する試みを紹介する[33]．特定のニュースイベントに関しては金融取引の現場で用いられているデータを用いる．異質情報ネットワークに関しては金融専門家が使うデータとオープンデータを組み合わせて作成したものを用いる．整理する前の段階で本ネットワークには合計で約 5,000 万のノードと 4 億のエッジを格納されている．これらの膨大なデータセットを利用し，近い将来に新規に特定のニュースイベントが生じる可能性が高い企業を予測する．

4.2.2 ニュースイベントと異質情報ネットワーク

ニュースイベントのデータは 2012 年 1 月から 2018 年 5 月までの Dow Jones Adverse Media Entity データを使用する．同データは Dow Jones が保有しているニュースデータの中で企業にネガティブな報道が出たときにその内容を 17 種類のカテゴリ（表 4.2）に分けて記録したデータベースである．大元のニュースデータを一から整理してカテゴリを作ることは非常に面倒である．そのため表 4.1 のようにある日付に対して企業に特定のニュースイベントが生じたかどうかをまとめる形でデータが販売されている．同データに収録されているカテゴリは，リコールなど製品やサービスに関する問題（Product/Service），規制に抵触したなどの問題（Regulatory），財務状況の問題（Financial），詐欺（Fraud），児童労働などの問題（Workforce），経営上の問題（Management），独占禁止法に抵触する話（Anti-Competitive），情報漏洩（Information），職

♠4本題とは少し論点が異なるが，市場が報道よりも先んじて何かに気づいていたのではないかと勘ぐることができるイベントはいくつかある．最も有名なのが 1986 年のスペースシャトルチャレンジャー号の事故である．市場はもちろん事故を予見していたわけではない．しかし，事故直後からスペースシャトルの部品を供給していたメーカーの中で Morton Thiokol の株価が他社をさしおいてはっきりと急落した[246]．事故調査委員会が Morton Thiokol が製造した部品に原因があったと発表したのは事故から数ヶ月経ってからのことである．そのため Maloney[246] も述べている通りなぜ市場が原因を Morton Thiokol にあると指さすことができたのかは今でも判然としない．

表 4.1 Dow Jones Adverse Media データセットの概要

日付	企業名	ニュースイベント
2012 年 1 月 3 日	企業 A	Management
2012 年 1 月 3 日	企業 B	Product/Service
2012 年 1 月 10 日	企業 C	Regulatory
2012 年 1 月 11 日	企業 D	Workplace

場環境に関する問題（Workplace），差別（Discrimination-Workforce），環境
問題（Environmental）などネガティブなものである．

　表 4.2 に全世界 35,000 社以上を対象にしたカテゴリごとの収録数を掲載し
た．「ニュース記事数」がニュース数，「ユニーク企業数」は特定のカテゴリの
ニュースに一度でもタグ付けされたユニークな企業の総数を示す．「ニュース
記事数」が「ユニーク企業数」よりも多いことがあるのは一部の企業が同じカ
テゴリに何度もタグ付けされていることを示している．本項ではある時点で既
にニュースイベントが生じた企業の情報を元に残された企業の中でどの企業に
同様のニュースイベントが生じるか予測する．

　本題のモデルに入る前に本データが適切に企業のニュースイベントを捉え
られているか簡単に確認する．ここでは次の手順で株価との関係を確認する．
データセットに含まれる全ての米国株について 2012 年 1 月から 2018 年 5 月
までの株価を収集した（1,139 銘柄）．ここでは山西[2] と同様に時点 t の株価
X_t に対してリターン r_t

$$r_t := \log\left(\frac{X_t}{X_{t-1}}\right)$$

に注目し，ニュースイベントが生じた各日付の前後 10 日間のリターンとその
枠外の 10 取引日のリターンを比較した．表 4.3 がニュースイベントが生じた
場合と生じなかった場合の株式リターンの分布を比較したものである．分位数
と歪度からわかる通りニュースイベントがあるという条件付きのリターン分布
は正の方向と比較して負の方向に伸張していることがわかり，ネガティブな
ニュース報道が金融リターンに負の影響を与えるという直観とも整合的であ
る．ここでは追加的に 2 つの分布が同じ分布からのものであるという帰無仮説
に対して 2 標本の Kolmogorov-Smirnov 検定を行った．これは p 値が 10^{-6}

表 4.2 カテゴリごとのニュースイベント数

カテゴリ	ニュース記事数	ユニーク企業数
Product/Service	20,637	8,779
Regulatory	21,652	7,552
Financial	22,754	3,310
Fraud	14,489	3,997
Workforce	7,523	3,963
Management	11,220	4,063
Anti-Competitive	7,748	3,620
Information	6,401	2,873
Workplace	6,827	2,492
Discrimination-Workforce	6,477	2,426
Environmental	4,083	1,887
Ownership	4,124	2,615
Production-Supply	2,878	1,869
Corruption	3,621	1,578
Human	496	302
Sanctions	254	157
Association	247	90

表 4.3 リターン分布. 1 行目の数字は分位点.

ニュースイベントの有無	サンプル数	0.01	0.05	0.5	0.95	0.99	歪度
有り	8685	-0.233	-0.102	0.005	0.098	0.191	-6.521
無し	1667616	-0.218	-0.109	0.005	0.110	0.207	0.165

未満で棄却される. 無論, 分布という観点から分析していることからもわかる通り, 全てのニュースイベントに対して必ず株価が下落するというわけではないが, ニュースイベントを予測することの意義が一定程度あることは理解できたと思う.

本項冒頭で紹介した Dow Jones Adverse Media Entity データの中にも各企業の所在地やドメイン情報などの基本情報が含まれている. しかしこれらの情報を用いるだけではニュースイベントを事前に察知することはできない. そ

こで複数のネットワークデータを異質情報ネットワークの形で組み立てることで一見するとわからない企業間の関係を追えるようにする.

簡単なアプローチとしては 1 つの企業ネットワーク,例えば企業仕入販売ネットワークを 1 つだけ用いて近しい企業にニュースイベントが連鎖する様子をモデル化する方法が考えられる.しかし,ニュースイベントのカテゴリによって「近しさ」の定義は変わっていく.リコールなど製品に関係する話ならある特定のパーツが原因でリコールが発生するなど仕入元や仕入元の販売先も同様の問題を抱えている可能性がある.そのため仕入販売ネットワーク上での「近しさ」が関係していると考えられる.また,規制や制裁に関するものであれば役員の兼任関係を考慮した方がよいかもしれない.このように企業の「近しさ」もニュースイベントのカテゴリによって異なってくる.

そこで複数のデータベースを統合することによって企業を中心とした異質情報ネットワークを構成する.この異質情報ネットワークの中のたどり方を学習することで同カテゴリのニュースイベントが伝播する可能性を予測する.表 4.4 は本節で使用したデータセットをまとめたものである.投資家が用いるデータセットも多くも含むがオープンデータセットも含まれている.

表 4.4 使用データ

出典	取得日	ノード型	関係型	ノード数	エッジ数
Dow Jones AdME	2016.12	Firm	Location, Homepage	132,127	390,320
Dow Jones State	2016.12	State-owned firms	VIP, Employee, Owner	280,995	702,172
Dow Jones Watch	2016.12	VIP	Social relations	1,826,273	8,322,560
Capital IQ Comp	2016.12	Firms	Buyer-seller, borrower	505,789	2,916,956
FactSet	2015.12	Firm, goods	Parent-child firm, Stock	613,422	8,213,225
FactShip	2017.1	Firm, invoice	Overseas trade etc	16,137,550	36,345,381
Reuters Ownership	2016.12	Owners, stocks	Issue, own	1,560,544	121,769,151
Panama papers	2017.1	Entities, officers	Shareholder of, director	888,630	1,371,984
DBpedia	2016.4	Various	Various	35,006,127	249,429,771

これらのデータから異質情報ネットワークを構成する上でいくつかの注意点がある.まず,各データにおいて企業や人などのエンティティに割り振られているid 番号は異なる.このid 番号を統一のものにしてノードを定義する必要がある.この複数のソースからのノードを統一するためには企業名だけを考慮するのでは不十分で,名前の類似性に加えて (i) ホームページ情報,(ii) 住所

の緯度経度情報，(iii) ティッカーシンボルのいずれかが正確に同じであれば，異なるデータセットの 2 つのノードは同一であると判断した．こうした手法をもってしても確実に統合できていると断言することは難しいが，手動で検証した結果，異なるノードを誤って重複と判定することは少ないが重複するノードを見逃すことが多いことがわかった．また，(i)〜(iii) のいずれかを除外したこの戦略のいくつかのバリエーションをテストしたところ，いずれも本項で述べたものと同様の結果が得られることは確認した．

　もう 1 点注意しなければいけないことは本データセットに含まれる関係情報の半数はタイムスタンプを含んでいないことである．これは予測時に未来の情報が利用されないことを保証するのが難しいという意味で問題である．そこで異質情報ネットワークに未来の情報が混入しないようにデータを取得した最新の日付以降である 2017 年 2 月 1 日以降のニュースイベントのみを予測対象にした（表 4.4）[5]．また，計算の過負荷を避けるためにデータセットにあまりにも多く出現する関係タイプを削除した．これらの関係タイプには "http://dbpedia.org/ontology/wikiPageWikiLink" と "http://purl.org/dc/terms/subjects" があり，それぞれ約 1 億 7500 万と 2,200 万のエッジを生成している．

　さらにデータセットに 100 回以下しか登場しない関係タイプも除外した．こうした重複排除とデータクリーニングの結果ノード数約 370 万，エッジ数約 910 万，216 種類の関係タイプが残った．表 4.5 に上位 20 の関係タイプを掲載した．多くは企業間を結ぶ関係型だが，(i) associations and employees のように企業と人を結ぶ関係型，(ii) own stocks のように企業や個人と株式シンボルを結ぶ関係型，(iii) domain のように企業や個人とホームページを結ぶ関係型も存在する．

4.2.3 モ デ ル

　本節のゴールはニュースイベントが既に生じている企業から出発し，異質情報ネットワークをたどることで将来時点で同様のニュースイベントが生じる企業を予測することである．しかし，異質情報ネットワーク上の全てのエッジを

---

[5]Dow Jones Adverse Media Entity データセットの関係情報については 2016 年 12 月版を使用し，ニュース情報のみを 2018 年 5 月に更新した．

表 4.5　出現回数上位 20 までの関係型

順位	関係型	回数
1	located_in	2,723,162
2	customer	717,019
3	supplier	713,434
4	own_stock	493,316
5	belongs_to_industry	359,425
6	strategic_alliance	348,352
7	creditor	339,184
8	receive_goods	330,311
9	send_goods	319,292
10	issue_stock	187,498
11	make_products	181,574
12	competitor	174,487
13	part_of_industry	172,621
14	borrower	153,203
15	domain	131,153
16	distributor	116,262
17	subsidiary	107,119
18	parent-company	107,117
19	associated-person	100,699
20	international_shipping	95,050

自由にたどることはエッジ数が非常に多く困難である．また，問題設定として
ニュースイベントが生じるのは Dow Jones がそもそも記録対象にしている企
業（上場企業とその関係企業）に限定され，それ以外に関してはニュースイベ
ントは記録されない．そこで本項ではたどることができるエッジを予測対象の
企業間のエッジに限定するというアプローチを採用する．まず，予測対象の 2
ノード間を結ぶ関係タイプが少なくとも 1 つ存在すれば無向エッジが存在する
と仮定しこれをコアネットワーク（ノード数 35,657，エッジ数 322,138）と呼
ぶことにする．このコアネットワーク上のエッジのたどり方を異質情報ネット
ワークの発想を用いて学習することでニュースイベントの予測を試みる．

コアネットワークのたどり方を特徴づけるモデルとしてはラベル伝播法を少し改変したものを用いる．ここで改変する必要があるのは単にラベル伝播法を用いただけではカテゴリごとにコアネットワーク上のどのエッジを重視するか学習することができないからである．そこで各エッジ i, j に対して異質情報ネットワークから抽出した特徴量 X_{ij} を定義し，適切に伝播させる方法を学習することで予測を試みる．エッジ i, j の特徴量としては直接的に1ステップでたどることができるエッジと4ステップまででたどることができる間接的な関係（メタパス）の集合を用いる．わかりやすく説明するために例を用いると仮にエッジ i, j に対して次のような関係があったとする：(i,supplies,j)，(i,strategic alliance,j), (i,is in,c,is in,B), (i,makes,x,is made of,y,makes,j)．このときに各関係タイプの方向は無視しパスごとに該当する関係型があれば1とし，なければ0とする（e.g. $[0, ..., 1, 0, 1, 0...]$）．複数のパスで同じ関係型があったとしても出現回数は数え上げずバイナリとして扱う．

ナイーブにこの方法で特徴量を作成するとパスのたどり方次第で特徴量の長さが非常に長くなってしまう．そこで本項ではより短いパスで既に接続されている2つのノードを接続するパスは除外することにする．例えば前の例では長さ1と2のパスでは重複は起きないが，既に長さ2のパス (i,is in,c,is in,j) で c を通じて i と j がつながっている場合，c は既に出現しているため (i,is in,c,alliance with,d,supports,j) のように i と j を結ぶ長さ3のパスは無視するというものである．このような制限をすることでスーパーノードがパスの特徴量を不必要に大きくなることを防ぐことができる．

さらにコアネットワークが無向ネットワークであることを活かしてさらに対象にするパスを減らすことができる．例えば，(i, is in,c, is in, j) では，i から経路を開始しても j から開始しても差はない．したがって長さ2のパスに対して，順序を考慮し例えば2：1と2：2のようにパスの集合を区別する必要はなく，パス長2の特徴量集合は1つだけに抑えることができる．本節ではパス長を4までとしているため1, 2, 3：1, 3：2, 4：1, 4：2という合計6つのパスの集合を用いて特徴量を作成する．パス集合の中には出現しない関係型もあるため最終的に特徴量の長さは $216 \times 6 = 1296$ ではなく526になる．

この特徴量とコアネットワーク上のエッジの重みをラベル伝播法の亜種を用い対応づけることでコアネットワークのたどり方を学習する．エッジの重み

は 0 から 1 の間の値をとるものとしエッジの特徴量との間に非負の重み関数 $f_\theta : X_{ij} \to [0,1]$ が定義されているものとする. ここで f_θ は隠れユニット 30 個, 出力関数にシグモイド層を持つ単純な多層パーセプトロンと定義し, θ はモデルのパラメータを表す.

エッジ i,j の特徴量の集合である X_{ij} と損失を結びつける正確な手順はアルゴリズム 4.1 に掲載した. アルゴリズム 4.1 の (4) にあるソースノード $y_1, \ldots, y_l$ にはある時点までの情報でニュースイベントのカテゴリで既に報道がある企業に対して 1 を代入する. それに対して (6) ではその時点から一定期間たった後に同じニュースイベントのカテゴリで報道がでる企業に対して 1 を代入する. (4) で 1 のラベルを付与された企業から (6) の企業にたどり着けるようにコアネットワークをたどる方法を訓練データとして学習する. 訓練時に用いた (6) のターゲットノードは改めてソースノードに追加し, テストデータで精度を検証する.

アルゴリズム 4.1 **Label propagation with edge weight learning**

(1) For each edge in the core network set, $w_{ij} = f_\theta(x_{ij})$, where x_{ij} denotes features from the network.

(2) Compute diagonal degree matrix D using $D_{ii} = \sum_j 1_{ij \in E}$.

(3) Compute $A_{ii} = I_l(i) + D_{ii}$, where $I_l(i)$ indicates i's known label.

(4) Initialize $Y^0 = (y_1, \ldots, y_l, 0, \ldots, 0)$, where l is the number of known labels.

(5) Iterate $Y^{t+1} = A^{-1}(WY^t + Y^0)$ until convergence.

(6) Calculate the loss by considering the mean squared error of $Y^{\text{target}} = (y_{l+1}, \ldots, y_{l+m}, 0, \ldots, 0)$ and $Y^T = (y_{l+1}^T, \ldots)$.

(7) Update θ in f_θ using gradient descent.

(8) Repeat until convergence.

たどり方のモデルとしてはラベル伝播法をベースにエッジ重み学習は Jacobi 反復を用いることにより実装したものである[247]. ただしこのモデルは $D_{ii} = \sum_j w_{ij}$ の代わりに $D_{ii} = \sum_j 1_{ij \in E}$ としているため正確にラベル伝播法ではない. その一方で対角支配条件[247] は $0 \leq w_{ij} \leq 1$ と定義したことによって依然として成立している. 仮に本モデルは全ての w_{ij} が 1 に等しい場合はラベル伝播法と全く等しいが, エッジ重みを学習した後は $A^{-1}W$ のスペク

トル半径が通常のラベル伝播より小さくなり、ラベルを近くのノードに重点的に伝播させるモデルとなる。このモデルを用い関数 f_θ を各カテゴリのニュースイベントを予測できるように学習する。

予測問題としては標準的な 2 値分類問題を行う。すなわち学習データの最終日（2017 年 2 月 1 日）からデータセットの終了日（2018 年 5 月 31 日）までに、データセット内で以前そのようなニュース報道がなかった企業について、将来ニュースイベントが発生するか予測するという問題である。学習データにおいてアルゴリズム 4.1 のターゲットノードとソースノードを分ける期間はニュースイベントが十分にあったカテゴリの多くでは学習データの最終日の 31 日前、情報が少なかったカテゴリ（制裁、人間、関連など）では 182 日前とした。モデルのパラメータを学習した後、ソースノードとターゲットノードの両方を既知のラベルと見なしニュースイベントが発生するか予測した。念のため学習データの最終日を 2017 年 8 月 1 日に変化させた場合や、データセットから最初の年（すなわち、2012 年 1 月 1 日から 2012 年 12 月 31 日）を除外した場合の実験も行い結果に大きな差異はないことがわかっている。提案モデルに関しては LP-パス集合と呼ぶことにする。

比較モデルとしては次のものを使用した。そもそもネットワークを使わないものとしては表 4.1 に国、産業分類、ノード次数を追加し、最初の 2 つはワンホットベクトルに変換して、ランダムフォレストモデルで分類する。次にネットワークは利用するがエッジの重み学習は行わないモデルでは、コアネットワークに対して直接ラベル伝播を行う。これを LP 固定モデルと呼ぶことにする。さらに多カテゴリ相関を取り入れることができる手法と比較することにする。しかし、一般的なこれらの方法は計算量が非常に多いため Wang[248] の方法を採用する。Wang[248] の手法は K-近傍グラフを利用しているところをコアネットワークに置き換え行列全体のスペクトル半径が 1 以下になるように追加パラメータを乗算することで検証した。これを LP-多カテゴリと呼ぶことにする。次にパスランキングアルゴリズム[216] と似た発想で関係型ではなくパスごとに定義したワンホットベクトルを用いて特徴量を作成したモデルとも比較した。計算量の都合上パス長 4 のパスのうち出現頻度が多い上位 3,000 個に絞った。これを LP-パスと呼ぶことにする。最後にアルゴリズム 4.1 と同等だが、使う特徴量を直接的な関係だけに絞ったものを LP-コア関係と呼ぶことに

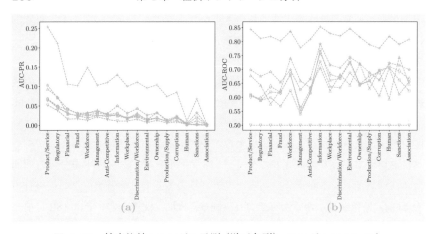

図 4.13　精度比較：ランダム予測（逆三角形），ランダムフォレスト
　　　　（三角形），LP-固定（四角），LP-多カテゴリ（丸），LP-コ
　　　　ア関係（星），LP-パス（ダイア），LP-パス集合（十字）.
　　　　(a) AUC-PR, (b) AUC-ROC.

する.

　問題設定は単に 2 値分類問題であるため評価には受信者動作特性曲線下
面積（AUC-ROC, Area Under the Receiver Operatorating Characteristic
curve）を用いる. また，ラベルのバランスが悪いため適合率再現率曲線下面
積（AUC-PR, Area Under the Precision Recall curve）[249] での性能評価も
行った. 結果は図 4.13 の通りである.

4.2.4　結　　果

　コアネットワークを用い重みの学習をせずにラベル伝播を行っても（つまり
LP 固定）予測可能性があるようであることに注目する. しかし，その性能は
国や産業の指標を用いたランダムフォレストのベースラインよりも若干悪い.
異質情報ネットワークに含まれる間接的関係を用いずとも直接的な関係だけを
用いてアルゴリズム 4.1 の通りにエッジの重みを学習した LP-コア関係の方が
ほぼ全てのカテゴリにおいて性能は改善される. LP-パスは LP-コア関係より
も性能が悪い. これは上位 3,000 パスしか使用しておらず十分にエッジの差異
を捉えられていないからの可能性がある. LP-多カテゴリは LP-fixed と比較

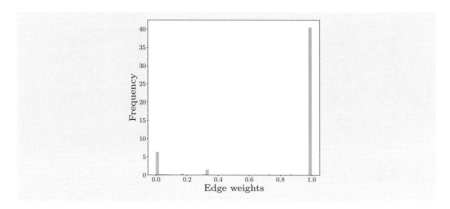

図 4.14 "Product/Service" カテゴリに対して学習したエッジの
重み

して性能が向上していないようである．この結果が Wang[248] のアルゴリズム
に起因するのか，あるいは多カテゴリ相関を取り入れることによってあまり情
報が追加されないためなのかはこの結果だけでは判然としない．最後に LP-パ
ス集合を他の全ての手法と比較したところ，本章で比較した全てのカテゴリに
おいて大幅に性能が向上していることがわかった．要約すると異質情報ネット
ワークに格納された情報を使用することで実質的に予測精度が向上することを
示している．参考までに図 4.14 では，"Product/Service" カテゴリを予測す
るための LP-パス集合の学習したエッジ重みを掲載した．LP-パス集合がエッ
ジの重みを 1 か 0 のどちらかの値に分離する傾向があることが確認できる．

モデルが何を学習したかを理解するために，学習したモデルに対して部分依
存分析を行う[250]．これを行う際に LP-パス集合で用いている特徴量間の相関
が高いため各特徴の重要度指標を計算することは煩雑である．そこでまず標準
的な 2 値非負行列因子分解を用いて特徴空間の次元を 50 に減らし標準的な 2
値非負行列因子分解で得られた行列に沿って通常の部分依存分析を行う．2 値
非負行列因子分解は異なるパス集合間の類似した関係タイプを見つけ出し結果
の解釈を可能にするために整列させることができる．一般に特徴の重要度の指
標として部分依存プロットのフィット値の標本標準偏差が用いられる[251]．し
かし，今回用いた特徴量行列は 2 値であるため代わりに各基底ベクトルに対

表 4.6　"Product/Service" カテゴリの重要特徴量

Rank	Basis	$E_{\hat{\theta}}[f(x_{0.99}) - f(x_{0.01})]$	$|E_{\hat{\theta}}[f(x_{0.99}) - f(x_{0.01})]|$
1	4	−0.096	0.096
2	26	−0.070	0.070
3	30	−0.057	0.057
4	13	0.040	0.040
5	7	0.039	0.039

応する係数ベクトルの 0.99 と 0.01 の分位における応答の差の絶対値に注目する．また，学習過程で生じる揺らぎの影響を緩和するために異なる初期パラメータを用いて学習と部分依存分析のステップを 30 回繰り返し，重要度尺度の平均値も考慮した．

　表 4.6 は "Product/Service" カテゴリのために学習された上位 5 つの重要な特徴量を示している．基底ベクトル 4 が最も負の効果を持ち，基底ベクトル 13 が最も正の効果を持つ重みになるようである．ここで特徴量はバイナリ行列であるためより高次のパスにある特徴は基底ベクトルにおいてより高い値を持つ可能性が高い．そこで図 4.15 では基底ベクトル 4 と基底ベクトル 13 について，各パス集合で上位の関係タイプを報告している．基底ベクトル 4 のパス集合がライセンス関係に関連する関係タイプを多く含むのに対し，正の効果を持つ基底ベクトル 13 は買い手と売り手の関係や提携と製造の関係に重点を置いていることがわかる．製品・サービスはリコール事件や薬物検査の失敗など企業の特定の製品に関するニュースと関係が深いため，このモデルはパス集合でそれらの関係タイプをより重視するように学習した．

　表 4.7 では "Financial" カテゴリで重要な上位 5 つの素性を示している．上位 5 つの特徴は全てエッジの重みに正の影響を与えている．そのため上位 2 つに着目し，基底ベクトル 34（図 4.16 左）と基底ベクトル 10（図 4.16 右）の分析結果を掲載する．基準ベクトル 34 と 10 についてはより債権者・債務者関係に重点を置いていることがわかる．"Financial" カテゴリは企業が深刻な財務状況にあるときや所有権の問題があるときに報道されるニュースであるため，これらの関係タイプがエッジの重みに正の影響を与えることは妥当といえる．

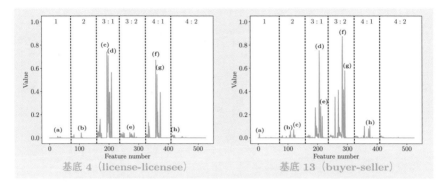

図 4.15 基底ベクトル 4 と 13 の比較. 破線は各パス集合の
境界を示す. 基底ベクトル 4 のピークはそれぞれ
(a) in-licensing, (b) in-licensing, (c) in-licensing, (d)
out-licensing, (e) distributor, (f) in-licensing, (g) out-
licensing, (h) customer である. 基底ベクトル 13 のピー
クは (a) customer, (b) partner-manufacture, (c) inter-
national shipping, (d) receive goods, (e) international
shipping, (f) international shipping, (g) receive goods,
(h) franchise である.

表 4.7 "Financial" カテゴリの重要特徴量

Rank	Basis	$E_{\hat{\theta}}[f(x_{0.99}) - f(x_{0.01})]$	$|E_{\hat{\theta}}[f(x_{0.99}) - f(x_{0.01})]|$
1	34	0.090	0.090
2	10	0.089	0.089
3	7	0.089	0.089
4	21	0.088	0.088
5	20	0.081	0.081

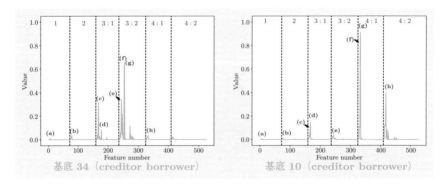

図 4.16 基底ベクトル 34 と 10 の比較. 破線は各パス集合の境界を示す. 基底ベクトル 34 のピークはそれぞれ (a) creditor, (b) strategic alliance, (c) borrower, (d) creditor, (e) borrower, (f) tenant, (g) landlord, (h) creditor である. 基底ベクトル 10 のピークは (a) borrower, (b) strategic alliance, (c) creditor, (d) borrower, (e) creditor, (f) creditor, (g) borrower, (h) borrower である.

4.3 ま と め

　今後の展望を述べることで本章のまとめとしたい. 経済ネットワークは元来エッジの重みが明示的に記録されていないデータを対象にすることが多かった. 例えば仕入販売ネットワークは固定指名データ♠6として記録されることが多く, ある程度は重要な関係は記録されていると考えられるが, 数量としてどの程度そのエッジに資金などが流れたか捕捉することができない. それに対して送金データは重み自体が記録されている非常に貴重なデータである. また, 本章で見た通り経済状況の変化が色濃く反映されるものでもあり, こうしたネットワークから重要な情報を抜き出すことは重要な課題である. さらに筆者らも挑戦しているがテンポラルグラフの深層学習モデルにはデータの取得可能性の問題もあり, 学術的・実用的にはまだまだ未踏の領域である. 前半で扱った銀行送金を使って説明するなら, 例えば将来時点での送金の流れのマクロ的

♠6企業に上位 5 社までの取引先を聴き取り調査することで収集されたデータ.

性質を正確に予測することができれば，それは単に予兆検知に役立つだけでなく応用法も考えられる．本章で用いたデータに近いものとしては仮想通貨送金のデータ[252] が挙げられるので興味がある方はそちらを参照されたい．

　後半の異質情報ネットワークの話も同じ問題意識のものと見ることもできる．1 つのネットワークでは不足している情報を複数活用し多面的に情報を扱うことで経済主体の実態をより捉えようとする試みと見ることができる．難点としては当時の計算機の限界もあって手法が大分簡単な点である．各ニュースイベント予測にとって重要な要素を深層学習から抜き出す方法は例えば第 3 章の PGExplainer の発想をうまく使うことでより上手に抽出できるかもしれないし，グラフトランスフォーマーなどのより現代的手法によって精度が上がるかもしれない．また，複数の経済ネットワークがあったときの転移学習や連合学習も重要な話題である．

法の構造の計量分析 5

本章では法の構造の計量分析を紹介する．最初に法の計量分析とはそもそも何かを簡単に解説する．次に米国判決文引用ネットワークデータを用い，第1章から第3章までの間で解説した様々なノードクラスタリングの手法を応用し，質量的にも数量的にも比較する．本章の最後では日本の判決文データを用い法律と判例の共起ネットワークの数量分析を行う．ここでは特に第2章で解説した Nested SBM（Nested DCSBM）を用い，複数の解像度で日本の法体系を概観する．本章で用いた米国判決文引用ネットワークデータはオープンデータであり，法の構造の計量分析に限らずネットワークデータとしても非常に優れたデータである．そのため関心のある読者は自らの手で分析することを推奨したい．

5.1 法の計量分析

5.1.1 法 の 効 果

法の計量分析とは法にまつわる事象を経験科学の手法を用いて分析する枠組みのことである[♠1]．こうした実証分析は従来はデータや計算資源の制約もあり細々と研究が行われてきた（Cane[253] の第1章参照）．1つの転機となったのは21世紀に入りデジタル化が進んだことである．新たに入手可能になった研究資材を元にこの20年においては専門書がいくつも出版され[253]~[257]，専門の学術雑誌や国際会議も創設された．こうした研究は従来の法学を補完する形で様々な新しい洞察を提供している[258][♠2]．今後も興味深い研究が発表され

[♠1]英語では Empirical legal studies, Computational legal analysis や Legal data science と呼ばれる．

[♠2]飯田[258] で言及されていることであるが，"For the rational study of the law the black letter man may be the man of the present, but the man of the future is the man of statistics and the master of economics."[259] などこうした経験科学への転換（Empirical turn）を予言していた法学者は少なからずいたようである．

ることが期待されている♠3.

　飯田[258] によると法の計量分析は 2 つに大別できる．1 つが**法の効果**に関する研究であり，もう 1 つが**法の構造**に関する研究である．法の効果に関する研究については回帰分析や時系列分析などの手法を用いることが多い．そのため計量経済学を学んだ研究者の活躍が目覚ましい．例えば LaPorta[260] は各国の会社法と倒産法をベースに投資家保護の程度を表した指標を作成し，投資家保護の強い国の企業の方が企業価値が総じて高い傾向にあることを示した．これは投資家保護を徹底することで外国資本を呼び込み，それが金融市場の活性化につながり，結果として企業価値の向上につながるという経済学の標準的な理屈とも整合的であり興味深い．

　法の効果の研究としては他にも**法の起源**に注目した研究も有名である．世界の法体系は大雑把には 4 つか 5 つに分類できる．その中で西洋や東アジア諸国が主に採用している法体系が制定法主義と判例法主義である．ドイツ，フランス，日本で使われている法体系が**制定法主義**（大陸法と呼ぶこともある．英語では civil law）であり，英国，米国，オーストリア，インドで採用されている法体系が**判例法主義**（英米法と呼ぶこともある．英語では common law）である．制定法主義と判例法主義の違いは法の根源を何に求めるかにある．制定法主義では議会が制定する成文法に法の根源を求める．そのため法制定時にできる限り白黒のラインをはっきり定める傾向にある．制定法主義を採用している国において判例は条文では判断しつくされていない隙間や法の解釈を埋めるものとして利用される．それに対して判例法主義では判例を法の根源として重視する．そのため法制定時には制定法と比較するとはっきりとしたラインは定めず判例を積み重ねることでその規準を定めていく傾向にある．結果として判例法主義では制定法主義と比較するとより判例が重視される．無論，本章の後半でも改めて説明するように制定法主義においても判例が重視されないわけでは全くない．また，判例法主義においても新しい法分野においては成文法に頼る

♠3同じく飯田[258] からの引用であるが，「このような研究を支えるための人的資源の問題もある．テキストマイニング，機械学習，あるいはネットワーク科学を応用して法の構造の研究を進めていくためには，これらの分野との連携が不可欠である．しかし，コンピュータサイエンスやデータサイエンスに通暁した法律家や法学者は少なく，それは海外でも同じである．」とあるように，こうした分野を切り拓くことができる後進の育成が重要である．

ことが多い[261]．こうした微妙な側面もあるが，国によって法の根本に違いが
あることは覚えておきたい．

　法の起源の研究の話に戻す．LaPorta[262] は判例法主義国を 1 つの分類と
し，制定法主義国に関してはさらにドイツ起源の国，フランス起源の国，スカ
ンジナビア起源の国に分類した．その上で法の起源が経済成長，国有企業の数
や労働市場における規制の強さなどに与える影響を詳細に分析した（全部で 49
か国を対象に分析している）．LaPorta[262] はフランス起源の制定法主義と比
較すると判例法主義国は投資家保護が強く，その結果として金融市場が活性化
しており，政府による裁量的な規制が少ないことに起因してか腐敗が生じづら
く，規制が弱いゆえに労働市場が柔軟に機能し，独立した司法制度によって財
産権保護がより保障され，全ての結果として経済成長率が高いと報告した．こ
うして見ると判例法主義国の方が優れていると強く主張しているように見える
が，著者らの 1 人である Shleifer が 2012 年に出版した論文集では論文執筆時
よりは印象が変化しているようである[263]．

　法の効果の研究は他にもある．Braucher[264] は米国の破産法の適用に関し
て人種ごとのバイアスがあることを定量的に示した．Mocan[265] は死刑制度
の有無が治安に与える影響を分析した．こうした研究も法の効果の研究に含ま
れる．興味のある読者はそれらの研究も参照されたい．

5.1.2 　法 の 構 造

　こうした法の効果の研究に対して近年少しずつ注目を集めているのが**法の構
造**に焦点を当てた研究である．法の構造に関する研究では法律や過去判例への
引用を含むテキストやネットワークデータを扱うことが多く，テキストマイニン
グやネットワーク学習などの手法を用いることが多い．そのため複雑ネット
ワークや機械学習を学んだ研究者が徐々に活躍するようになってきている．

　例えば Katz[266] は，米国とドイツの法の複雑性を条文テキストと条文参
照ネットワークから測定した．1994 年から 2018 年までの期間を対象に第
1 章でも紹介した InfoMap などの手法を用いて法律をクラスタリングした．
Katz によると米国とドイツ両方とも法の複雑さが一貫して上昇しており，そ
の最大の原因は税制と社会保障に関する法律であると報告している．同様に
Coupette[267] は米国とドイツを対象に条文参照構造とネットワークの手法を

用い，不動の地位を築いている法律（入次数がじわじわ増え続ける）や重要な決定に従い変更を余儀なくされた法律を定量的に分析した．Sakhaee[268] はニュージーランドを対象に 13 世紀から今日に至るまでの条文参照ネットワークの変化を描画することで重要法律の変遷を分析した．

　本書はネットワーク学習の解説書である．ネットワークがあるところにはネットワーク学習もある．そこで次節では米国判決文の引用ネットワークを用いた分析を紹介し，5.3 節では日本の判決文を対象に法律と判例の共起構造の分析を紹介する．

▌ 5.2　米国判決文引用関係のブロック構造とリンク予測

5.2.1　データの 1 次分析

世界的に判決文には著作権はないものとされているが，公開に関しては各国によって扱いが異なる．日本では大半の判決文はプライバシー保護の観点から非公開である♠4．ドイツも同様の措置をとっており，フランスについては原則公開だが裁判官を特定するデータは評価，分析，比較，予測の目的での 2 次利用は禁じられている[258]．それに対して状況が異なるのが米国である．米国においては Free Law という米国カリフォルニアにある NGO 団体♠5が米国憲法修正 1 条（出版の自由がここに含まれる）と Freedom of Information Act を盾に建国時から今日にいたるまでの判決文を公開している．このデータはクリック 1 つでダウンロードできるため♠6，本章ではまずこのデータを用いてノードのクラスタリングとリンク予測を試みる．

　判決文同士の引用については上記のサイトに作成されたものが公開済みである．ここで使用したデータは 2022 年 1 月頃に取得したものである．そのため現在ダウンロードできる最新版のデータと比較すると小規模のものになるが，基本的な分析結果は変わらなかったのでここでは比較用に旧データを用いる．データについては毎月更新されているようであるため，読者が再現する際は最

♠4最高裁判例については規範となるものになるため公開されているが，それも一部である．
♠5https://free.law/
♠6API を通じて最新の判決文も取得可能である（https://www.courtlistener.com/api/）．

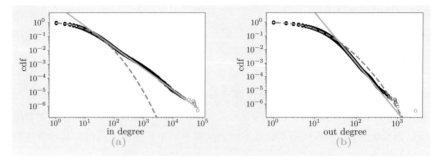

図 5.1　(a) 入次数の相補累積分布関数. powerlaw モジュール[22]
によるとべき指数は 2.53 で閾値は 51. (b) 出次数の相補累
積分布関数. powerlaw モジュール[22] によるとべき指数は
4.65 で閾値は 71. 両図共に青い実線がべき分布でグレー
の破線が対数正規分布.

新版のデータを用いて同じ分析をすることを勧めたい♠7.

　本節で分析する判決文引用ネットワークはノード数約 332 万, エッジ数約
3,086 万と比較的大きなネットワークになっている. このネットワークの最大
連結成分に絞るとノード数が約 329 万, エッジ数約 3,084 万とほとんどの判決
文が最大連結成分の中に含まれていることも確認できる.

　次に判決文引用ネットワーク次数の相補累積分布関数を第 4 章同様に確認す
る. 図 5.1 に判決文引用ネットワークの入次数と出次数をそれぞれ掲載した.
図を見ればわかる通りどちらも裾の厚い分布になっている. 第 1 章でも解説し
たがこうした分布は上側テール部分をべき分布で表現することもできるが全体
を対数正規分布として表現することもできる. 米国判決引用ネットワークの入
次数分布（図 5.1 (a)）については全体を対数正規分布で表現しようとすると次
数 100 のあたりから乖離が激しくなっていることがわかる. べき指数も 2.5 と
比較的に高く最上部の次数まで分布が綺麗にフィットされていることがわかる
（最大値は 67,248）. それに対して出次数分布（図 5.1 (b)）については, 仮にべ
き分布と解釈した場合のべき指数が 4.65 と裾が厚くないため対数正規分布の
フィットも悪くないようである. 出次数の分布の方が裾が薄いのは納得のいく

♠72022 年 12 月 31 日時点のデータではノード数約 354 万, エッジ数 2,900 万となってい
る.

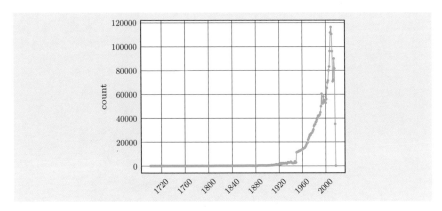

図 5.2 判決文数の時間推移

ところであるが，最大のもので 2,697 と引用判決数の多い判決文もある．ここ
では紙面の都合上割愛するが，興味のある読者は Clauset [21] や Malvergne [24]
の手法を用いて入次数分布のべき分布仮説が棄却されるかどうか検討すること
を勧める．

　次に判決文の時点分布を確認する．上記データの中には日付情報が含まれて
おらず各判決文が公開された日付が不明となっている．そこで判決文のテキス
トデータもダウンロードした．本節ではこの判決文に出てくる最初の日付を判
決文が出た日付とする[8]．参考までに図 5.2 に各判決文が出た日付をまとめ
たものを掲載した．最後の方に減少傾向が見えるのは単に Free Law がバルク
データを作成したときにその時点の判決文がまだ公開されていなかったという
ことである．

5.2.2 コミュニティ抽出，SBM，GCN の比較

　ノード数約 332 万，エッジ数約 3,086 万の膨大なネットワークデータだと分析
が煩雑である．そのためここでは次数が 500 以上の重要判例だけに関心を絞る
（ノード数 3,521，エッジ数 42,809）．有向ネットワークとして扱い第 1 章で解
説した ForceAtlas2 [39] で位置を定め，コミュニティ抽出を行った結果を色とし
て表示し，ノードの大きさは次数を表すようにした．その結果が図 5.3 である．

---

[8]当然これは 1 次近似である．

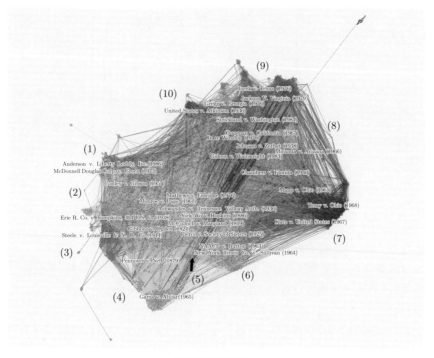

図 5.3　米国判例引用ネットワーク

　まず，この中で次数の大きさが高いものに関心を絞りコミュニティ抽出がう
まくいっているか確認したい．(1) にある "Anderson v. Liberty Lobby, Inc.
(1986)" は略式判決を出すための規準に言及した重要判例である．略式判決に
言及するときには必ずといっていいほど引用される判例であるため，ここでも存
在感を示している．(2) にある "McDonnell Douglas Corp. v. Green (1973)"
や "Conley v. Gibson (1957)" はどちらも雇用差別に関連して提起された訴訟
である．特に後者は連邦民事訴訟規則（Federal Rules of Civil Procedure）の
規則 8 に記載のある「訴えの短い平文」（"short and plain statement"）の解釈
を拡げた重要判例として有名である．(3) にある "Steele v. Louisville and N.
R. Co. (1944)" は労働組合に関する訴訟であり，この付近の判決文が労働問題
を扱ったものが多いことを示唆している．(4) の "Pennoyer v. Neff (1878)"
は少し入り組んだ話である．まず，土地の登記手続きに関して役務を果たした

弁護士が，土地の所有者である Neff に対して費用の支払いを求めたところ，Neff が行方をくらましてしまった．そこで Neff を提訴し新聞で通達した．オレゴン州の裁判所は原告の主張を受け入れ，土地を押収し競売にかけた．結果として Pennoyer が新たな土地の所有者となった．Pennoyer はその後長期間その土地で暮らしていたが，行方をくらました Neff が現れ，土地の所有を巡って Pennoyer を提訴した．米国の最高裁判所は Pennoyer 側に立つと思いきやオレゴン州裁判所の手続きを問題視した．被告が法廷にいないにもかかわらず話を進めたことに対して適切な手続きをとったとはいえないと判断し，土地は Neff のものであると判決を出した．この判例は裁判所の管轄権（特に人的裁判管轄権）に関して規準を出した重要判例とされている．

　(5) の "Mathews v. Eldridge (1976)"，"Monroe v. Pape (1961)"，"Yick Wo v. Hopkins (1886)" らは行政法絡みの判決である．また，"Ashwander v. Tennessee Valley Auth. (1936)" は憲法判断回避の原則を定めたものであり（ブランダイスルール），米国における恵庭事件（札幌地方裁判所 1967 年 3 月 29 日判決）と呼べるものである．こうした判決文が 1 つにまとまっていることは直観と整合的である．(6) の "Pierce v. Society of Sisters (1925)" はオレゴン州が公立学校への通学を義務づける法令を出したことに対して提起された訴訟の判決で，米国憲法修正 14 条の期限条項の適用範囲を大幅に拡大し，市民的自由を拡大した重要判例である．"New York Times Co. v. Sullivan (1964)" は公人が名誉棄損で訴訟を提起できる条件に制限を加えたものであり表現と出版の自由（米国憲法修正 1 条）を拡大した重要判例である．

　これらの民事訴訟に関する判決文とは別に刑事訴訟に関するものが (7)〜(10) である．(7) の "Mapp v. Ohio (1961)"，"Terry v. Ohio (1968)"，"Katz v. United States (1967)" は不当捜索を禁止する米国憲法修正 4 条に関連する判決である．例えば "Terry v. Ohio, 392 U.S. 1 (1968)" は職務質問と所持品検査（"stop and frisk"）の合憲性を認めたものである．(8) の判決文は刑事訴追に関する権利を定めた米国憲法修正 5 条，6 条に関連するものが多いようである．この中で一番わかりやすい判決は "Miranda v. Arizona (1966)"

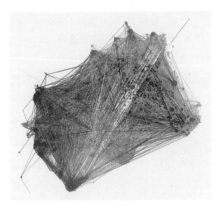 

図 5.4 SBM の推論結果（4 層目）　　図 5.5 DCSBM の推論結果（4 層目）

である．これがアメリカの刑事ドラマでもよく出てくるミランダ警告♠9の大元となった重要判例である．(9) も同様に刑事訴訟に関する話だが憲法修正第 8 条（残酷な刑罰の禁止）に関するものが多い．例えば "Gregg v. Georgia (1976)" はテキサス州における死刑制度の合憲性に関する重要判例である．最後の (10) にある "United States v. Atkinson (1936)" は陪審員制度における過誤による控訴の扱いを定めた判例である．以上のように重要判例はそれぞれの内容に従いコミュニティ構造を形成していることがわかる．

　ブロック構造の推定は SBM や DCSBM を利用することもできる．しかし Peixoto[91] の推定を用いたところ，どちらもブロック数が多くなってしまい視認しづらい．そこでここでは Nested SBM と Nested DCSBM を用いそれぞれの 4 層目を見ることにする．図 5.4 と図 5.5 どちらもコミュニティ抽出の結果と似ているが，真中の下の部分や上の部分に見られるように DCSBM の方がまとまりが良いことがわかる．同様の洞察は第 2 章でも紹介したが，ネットワークの複雑性（疎・スケールフリー性）を度外視した SBM と比較して DCSBM の方が直観と整合的な推論結果を出したことは納得のいくところである．モデル選択に関しては記述長を用いることもでき，実際 Python モジュー

　♠9警察が被疑者を取り調べる前に黙秘権があること，供述は証拠として利用される可能性があること，弁護士の立ち合いを求めてよいこと，弁護士費用を負担できない場合は国選弁護人をつけることができることを被疑者に知らせること．この警告を明示的にしないと被疑者の供述を証拠として使えないことになる．

ルの graph-tool を用いると簡単に計算できる．しかし，第 2 章で解説した通り Peixoto [91] の第 1 世代の記述長最小化原理は理論的には粗い近似であることがわかっているためモデル選択を行う際は注意が必要である．

こうしたノードクラスタリングは第 3 章で解説した GCN を用いて行うこともできる．GCN においてはノード特徴量をモデルに含むことが容易である．ここでは判決文中の単語の出現頻度に注目し，全体で出現回数が 500 以上の単語 5,677 を用いることにした．この単語の出現回数をベクトル化した情報をノード特徴量として用いる．GCN については潜在表現の長さを 250 とし 1 層のものを利用する．活性化関数としては ReLU を用い 1,000 エポック訓練することによって潜在表現を獲得した．250 次元のベクトルを直接検討することは難しい．ここでは t-sne [269] で 2 次元化したものを検証する．さらに視認性を高めるために 2 次元化したものに対して混合正規分布を仮定してクラスタリングした結果が図 5.6 である．

図 5.6 の中にいくつか判決名を記しておいた．Mathews v. Eldridge (1976) と Yick Wo v. Hopkins (1886) が近くにいることや Jurek v. Texas (1976) と United States v. Atkinson, 297 U.S. 157 (1936) が近くにいるなどわから

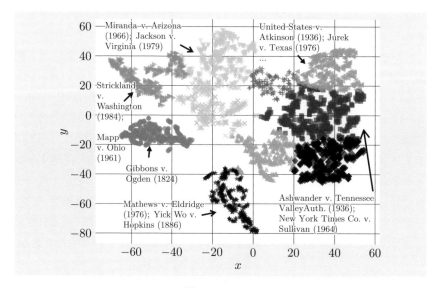

図 5.6 GCN

ないこともないところもあり，またすぐその下に Ashwander v. Tennessee Valley Auth. (1936) があるなどあまり視認性は良くないようである．これが単純な GCN を使ったことによるのか低次元化した t-sne によるのかは検討が必要だが，こうした方法論もあることは覚えておきたい．

5.2.3　リ ン ク 予 測

リンク予測とはネットワークを訓練データとテストデータに分けて訓練データにないエッジの有無を予測する問題である．Kondo [270] では日本の判決文データを用い法律と判例の共起ネットワークを時点を分けて分析することで動的にリンク予測問題を設定した．ここではもっと単純な設定として図 5.3 のネットワークを無向ネットワークとして扱い♠10，エッジを訓練 6 割，検証 2割，テスト 2 割に分ける．エッジを単に分割するだけではリンクの有無を判定できない．そこでエッジがない部分も同様に分ける．ネットワークのノード数がさほど大きくない場合エッジがないノードペアの数は大した数にはならない．しかし仮に 100 万のノードがあった場合，疎なネットワークであればエッジ数はたかが 100 万～1 億で収まるが，エッジのないノードペアは 1 兆程度になり計算量が多くなる．そこでエッジ数に対して定数倍かけた（大抵 5 から10 倍）分だけ負例（エッジのないノードペア）を作成し疑似的に精度を判定することが多い．

リンク予測の評価指標としては第 4 章同様に受信者動作特性曲線下面積（AUC-ROC, Area Under the Receiver Operatorating Characteristic curve）と，適合率再現率曲線下面積（AUC-PR, Area Under the Precision Recall curve）を用いる．これらはいずれも 2 値分類モデルの性能評価法としてはスタンダードなものである．2 値分類の場合，ある閾値を定めて（例えばあるスコアを超えた場合 1 として予測し，それ以外を 0 とする）予測することが多い．そのため閾値によって性能の評価が異なってしまうことがある．それに対し AUC-ROC と AUC-PR は全ての閾値に対して偽陽性と再現率のバランス（ROC の場合），あるいは再現率と適合率のバランス（PR の場合）を評価し，それらの曲線によって囲まれた面積を評価として用いるものである．

♠10本来は有向ネットワークであるが，GCN を使用するため無向ネットワークとして捉える．

AUC-ROC の場合はランダムなら 0.5 になり高いほど性能が良いことになる.
AUC-PR の場合は正ラベルの割合がランダム予測した場合の精度値になる.
これが高いほど性能が良いということになる.

比較手法としては次のような手法を用いる.

- Adamic-Adar はノード間の共通ノードの数を用いてエッジの有無をスコア化した手法である. 具体的には

$$A(x, y) := \sum_{u \in N_x \cap N_y} \frac{1}{\log |N_u|}.$$

ここで N_u は u の隣接ノード集合である.

- Jaccard 係数は Adamic-Adar に似たスコアである. 違いは正規化ステップにあり, 次の式に従う:

$$A(x, y) := \frac{|N_x \cap N_y|}{|N_x \cup N_y|}.$$

- Preferential attachment はその名の通り優先的選択原理に基づきエッジの有無をスコア化したものである. 次の式で定義される:

$$A(x, y) := |N_x||N_y|.$$

- SBM はノードはブロックに割り当てられブロック間の重みがエッジの有無を決定するとしたモデルである (第 2 章参照).
- DCSBM は次数の不均一性を取り入れた SBM の亜種である. スケールフリーネットワークなどノード次数分布の裾が厚いときにモデル選択の観点から SBM よりも DSCBM が好まれることが多い (第 2 章参照).
- Node2vec はランダムウォークで定義されたコンテキスト情報を用いてノードをベクトルに埋め込む手法である (第 3 章参照).
- GCN もグラフ畳み込みによってノードの埋め込みを計算する基本的なグラフニューラルネットワークモデルである (第 3 章参照).

結果を表 5.1 に掲載した. まず目につくのが簡単な手法である Adamic-Adar や Resource Allocatoin であっても比較的に精度は出るということである. Preferential よりも Adamic-Adar が高いのはコミュニティ構造が強いことの 1 つの証左である (実際図 5.3 のモジュラリティは 0.553 である). しか

表 5.1　リンク予測

model	AUC-ROC	AUC-PR
Adamic-Adar	0.881	0.762
Resource Allocation	0.880	0.759
Jaccard	0.876	0.723
Preferential	0.786	0.469
SBM	**0.922**	**0.768**
DCSBM	0.914	0.745
node2vec	0.912	0.716
GCN	0.903	0.678

し単純な Adamic-Adar では捉えきれないコミュニティやブロック構造もあるようである．その結果として SBM や DCSBM の方が性能は良い．モデル選択として好まれている DCSBM の方が SBM より性能が低い点は引っかかるところではあるが，これは人工的に次数を 500 以上に絞ったことに起因している可能性がある．また GCN は初等的な手法よりは性能が良いが SBM とDCSBM よりは悪いようである．テキスト情報も付加しているので条件としてはこちらの方が有利なはずであるが，何の工夫もしていない GCN ではうまくいかなかったようである．もはや node2vec の方が GCN よりも精度が良い．

　最後に GCN と関係する話題として法律テキストの分析を紹介する．Kondo [270] では日本の判決文を対象にした深層学習モデルを用いたテキスト分析を実施した．その論文の結論の 1 つが「一般文書を用いて訓練された深層学習モデルを用いるだけでもそこそこ精度は出るが，細かく見てみると深層学習モデルが法律文書を適切に理解していない箇所が多く見つかり，法律テキストを対象にした深層学習モデルの開発が必要である」というものである．法律テキストを対象にした深層学習モデルの例として，海外では LegalBERT [271]や LamBERTa [272] が有名であるが，まだまだ未開の分野である．そうした法律テキストを対象にした深層学習モデルの開発が進むことにも期待したい．

5.3 日本の判決文と法の構造分析

5.3.1 日本の判決文

本節では日本の判決文を用いた法の構造分析を紹介する．日本はドイツやフランスと同様に制定法主義を採用している．制定法主義ではまず成文法がありその解釈を与えるのが司法の役割である．裁判所（特に最高裁判所）は事件の解決だけではなく将来の混乱を避けるために特定の法規範の解釈を示すことがある♠11．そうした法律（憲法を含む）の解釈を定めた最高裁判所の判決は重要判例とされ，それ以降の法解釈に影響を与える．このように判例があたかも法規範の一部であるかのように作用する側面を**規範定立**と呼ぶ．このように制定法主義国においても法規範の全体を理解するためには単に条文構造を分析するだけではなく判例を検討することが不可欠である．

法構造をネットワークとして描き出す方法はいくつかある．前節で見た判決文同士の引用関係[273]もその1つである．他にも条文の参照構造に注目する方法がある[267]．ここでは Kondo [270] に従い，株式会社 TKC に提供していただいた地方裁判所から最高裁判所までの判決文中における法律と過去判例の共起構造に注目しネットワークを構築する．

共起構造に注目する理由は次の通りである．最初に裁判官が事件を結論づけるとき，その判断は1つの法規範や判例によってのみ左右されるわけではない．裁判官が判断する論点は複数あり，その一つ一つに法規範の検討が必要である．また，仮に論点が1つだったとしても同じである．例えば商標法なら最高裁判所 平成 20 年 9 月 8 日判決（類似性の判断規準），最高裁判所 昭和 38 年 12 月 5 日判決（類似性の判断規準）と組み合わせて法規範を説くことが多い．所得税法なら国税通則法，憲法 30 条（納税の義務），憲法 84 条（租税法律主義）がその根幹として参照される．

次に裁判官によっては法規範に係る全ての法律と判例を丁寧に書き出すこともあるが，暗黙の了解となっていることに関しては省略することもある．例えば過払い金訴訟においては最高裁判所 平成 18 年 6 月 13 日判決こそが旧貸金業法 43 条の解釈を与えグレーゾーン金利の違法性を決定した判決であった．

♠11法律や憲法の解釈に関する最終的な決定権は最高裁判所が保有している．

しかし Kondo [270] にも記した通り，民事裁判において最も引用件数の多い判例は過剰な利息を法定金利（当時は年 5 ％だった）を上乗せして返還すべきであると判断した最高裁判所平成 19 年 7 月 13 日判決である．この例からわかることは 1 つの判決の共起パターンを用いても法律がどのように組み合わせて利用されているかの全体像は捉えきれない可能性があることである．よって多数の判決の中に表れた共起パターンをつなぎ合わせることが重要である．

日本の判決文のほとんどは公開されていない．そのためここでは著者らも関わった論文 Kondo [270] で使用した 1998 年から 2018 年までの民事・刑事裁判の判決文約 11 万を用いる．最高裁判所からダウンロードできる判例と比較して地方裁判所や高等裁判所の判決文も含まれていることが本データの特徴である．Kondo [270] では民事裁判と刑事裁判の判決文を分けて分析したが，ここでは 2 つを峻別せずに法の構造を分析する．

5.3.2　民事訴訟と刑事訴訟と階層ブロックモデル

ここでは第 2 章で解説した Peixto の階層ブロックモデル（Nested SBM, Nested DCSBM）[91] を用い法の共起ネットワークを階層的に分析する．単なるブロックモデルと比較して階層化したブロックモデルは単にブロックを推定するだけでなく，そのブロック自体を 1 つ上のブロックに集約することができる．こうしたモデルを用いることで司法の中で使用される法や過去判例の全体像を複数の解像度で分析できることが期待できる．

繰り返しになるが，階層ブロックモデルは SBM を根本モデルとすることもできるが DCSBM を用いることもできる．米国判決文の引用構造と同じく日本の判決文の共起構造の次数分布も裾が厚くなる．そのため Nested DCSBM の方を用いる．

Nested DCSBM の結果によると 7 層の階層ブロックが推定される．0 層目は元のネットワークに対応し 9,814 個のノード（法律・判例名）から構成される．これが 1 つ上の階層に上がり 1 層目は 534 個のブロックのネットワークになる．それ以降は 2 層目が 185 個，3 層目が 60 個，4 層目が 19 個，5 層目が 6 個，6 層目が 2 個とノードはまとまっていき 7 層目で 1 つに統一される．さすがに 1 層目の 534 個のブロックを確認するのは辛い．そこでここでは 4

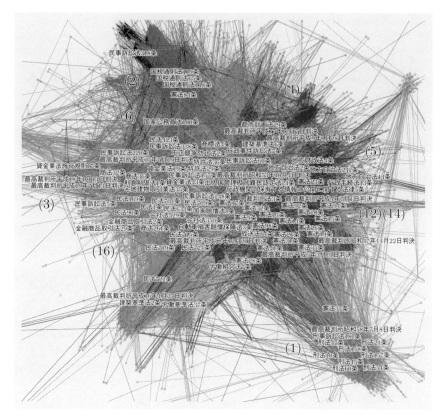

図 5.7　民事・刑事裁判に見る日本の法・判例の共起構造の全体

層目から 6 層目までの階層に関心を絞る♠12.

　図 5.7 に民事・刑事裁判に見る日本の法・判例の共起構造の全体を掲載した．紙面の都合上，端の部分をカットしている．また本書の性質上，色は見づらいが色分けは 5 層目のブロックを表現している♠13．図 5.7 に記した番号は 4 層目のブロック構造の中から見やすいものをいくつか記載したものである．表 5.2 には 4 層目の 19 個のブロックの全てを記載してあるのでそれとあわせ

♠12前半の米国判決文引用ネットワークの分析時に SBM ではなく Nested SBM の 4 層目を可視化したのも同じ理由である．

♠13階層 4 から 6 までのネットワーク図は筆者のホームページ（https://www.rhisano.com/）に掲載してあるので，関心のある読者はそちらを確認されたい

表 5.2　階層 4 のブロック所属. 法律と判例名は PageRank の上位
4 つに対応している.

id	法律と判例
0	民法 724 条，民法 1 条，最高裁判所平成元年 12 月 21 日判決，民法 722 条
1	刑法 10 条，刑法 45 条，刑事訴訟法 181 条，刑法 60 条，刑法 54 条
2	国税通則法 118 条，国税通則法 65 条，憲法 84 条，国税通則法 119 条
3	民法 704 条，民事訴訟法 157 条，貸金業法 43 条，利息制限法 1 条
4	建築基準法 6 条，最高裁判所平成 17 年 12 月 7 日判決，最高裁判所平成 9 年 1 月 28 日判決，建築基準法 2 条
5	地方自治法 242 条，地方自治法 2 条，労働組合法 7 条，地方財政法 4 条
6	民事訴訟法 220 条，国家公務員法 100 条，商法 32 条，商法 261 条
7	民法 709 条，民法 715 条，民法 719 条，自動車損害賠償保障法 3 条
8	憲法 98 条，憲法 15 条，憲法 26 条，裁判所法 3 条
9	民法 169 条，民事訴訟法 5 条，民事訴訟法 318 条，放送法 64 条
10	最高裁判所平成 5 年 3 月 11 日判決，行政機関の保有する情報の公開に関する法律 5 条，行政手続法 13 条，憲法 92 条
11	不正競争防止法 2 条，特許法 29 条，商標法 4 条，特許法 36 条
12	憲法 94 条，地方自治法 14 条，刑法 158 条，刑法 157 条
13	貸金業法 19 条，最高裁判所平成 17 年 7 月 19 日判決，貸金業法施行規則 17 条，商法 36 条
14	憲法 21 条，憲法 19 条，憲法 37 条，憲法 20 条
15	金融商品取引法 2 条，東京地方裁判所平成 21 年 3 月 25 日判決，東京地方裁判所平成 22 年 8 月 25 日判決，金融商品取引法 29 条
16	民法 90 条，会社法 429 条，民事訴訟法 248 条，会社法 350 条
17	民事訴訟法 338 条，宅地建物取引業法 35 条，民法 423 条，民法 634 条
18	民事訴訟法 61 条，行政事件訴訟法 7 条，国家賠償法 1 条，憲法 14 条

て確認されたい.

　図 5.7 と表 5.2 を見るとそれなりに上手に法律と判例はまとまっているようである. 判決文の中の重要部分のみに関心を絞るのではなく一つ一つの判決文の全体で共起構造をとっているため手続きを定めたもの（民法 724：「不法行為による損害賠償の請求権は，被害者又はその法定代理人が損害及び加害者を知った時から 3 年間行使しないときは，時効によって消滅する」）や大枠の話

（民法 709：「故意又は過失によって他人の権利又は法律上保護される利益を侵害した者は，これによって生じた損害を賠償する責任を負う。」）など多くの判決文に出現する法律が存在感を持っているが，固有の事件の特徴を表したブロックも確認することができる．

　全体的には右下の部分に刑事に関係するものがまとまっており，残りは民事に関係するものである．最初に刑法に関係するものを見ていく．ブロック 1 は極めて刑法らしいブロックである．刑法 10 条は刑の軽重，刑法 45 条は併合罪，刑事訴訟法 181 場は費用負担に関するものであり，いわば刑事訴訟における「ストップワード」♠14と呼べるような法律である．民事訴訟と刑事訴訟は別個のものであるためブロック 1 が他のところとは異なる位置に存在することは納得がいく．もう 1 つ刑法が含まれているのがブロック 12 であり，これは真中の右にある．ブロック 12 には地方公共団体の権能に触れた憲法 94 条と地方自治法 14 条が含まれていると同時に偽造公文書行使等罪である刑法 158 条や公正証書原本不実記載等を定めた刑法 157 条があることから地方公共団体の不法行為に対応しているようである．この 2 つがネットワーク上で近くに存在していることは納得いくところである．

　民法と刑法の間にある法律・判例の中でもう 1 つ面白い例が憲法 31 条の付近にあるものである．憲法 31 条は罪刑法定主義の根拠規定の 1 つであり，刑事事件における適切手続きを保障したものである．同様に憲法 35 条は住居不可侵の原則であり令状がなければ捜査できないことを明確にしたものである．こうした捜査などの刑事上の手続きに関するものが刑法のブロックの近くにある．

　捜査などの手続きにおいてほとんどの場合は刑法に関係するものであるが，まれに民事裁判でも話題になることがある．例えば最高裁判所 平成 4 年 7 月 1 日判決は成田新法事件に関する最高裁判決である．成田新法事件とは 1978 年に成田国際空港の開港の際に過激派集団が空港の規制区域内にあった団結小屋を拠点として成田国際空港内の設備を破壊したことに端を発した事件である．こうした過激派集団を取り締まるために同年に議員立法として成田新法が可決され，翌年 2 月に当時の運輸大臣が団結小屋の使用を 1 年間禁止する命令を出

♠14分析の際に頻出するなどの理由で対象外とされる単語のこと．例えば，英語なら a, the, is など．

した．過激派集団側はこの行政手続きは憲法 31 条（適切手続きの保障：「何人
も，法律の定める手続によらなければ，その生命若しくは自由を奪はれ，又は
その他の刑罰を科せられない．」）に違反していると主張し取り消し訴訟を提起
した．法解釈として争点となったのは憲法 31 条が直接的には刑事事件を対象
にしたものであったことである．そのため行政手続きであれば憲法 31 条の範
囲外になるのか，憲法 31 条の範囲内であれば行政手続きは相手側に対して事
前に告知，弁解，防御の機会を与える旨の規定が必要であるのかが裁判では争
われた．最高裁判所 平成 4 年 7 月 1 日判決は成田新法事件に関係する行政手
続きについてはその緊急性から相手方に対し事前に告知，弁解，防御の機会を
与える旨の規定がなくても憲法 31 条に反しているとはいえず，行政手続きに
おける明確性の原則について解釈を与えた重要判例である．

　民事訴訟に関係するものを見ていく．左上にあるブロック 2 は徴税に関する
根本（租税法律主義を定めた憲法 84 条）と雑則に対応している．過払い金に
関するものはブロック 3 であり真中の左にある♠15．住民監査請求や住民訴訟
制度に関するブロック 5 は真中の右にある．ブロック 11 は特許・商法に関係
するものであり，これは真中の上にあたる．このように比較的容易な方法であ
るにも関わらず共起構造を通じたネットワーク分析がうまくいっていることを
表しており非常に興味深い．

　次に階層構造を確認する．図 5.8 に 4 層以上の階層構造を示した．5 層のブ
ロック 0（4 層の 0,3,7,11,16）は民法を広くカバーしたものとなっている．逆
に 5 層のブロック 1（4 層の 1,12）は刑法の話である．5 層のブロック 2（4 層
の 2,18）は税金と国家賠償の話でまとまっており，5 層のブロック 3（4 層の
4,5,8,10,14）は地方自治や行政に関連するものが多い．5 層のブロック 4（4
層の 6,9,17）は民事訴訟法が目立っており，最後の 5 層のブロック 5（4 層の
13,15）は金融という共通項を持っている．

　これをさらに 6 層まで上げると最後の金融絡みのもの以外は 1 つにまとま
り 7 層目でようやく 1 つになる．一般的に民事訴訟と刑事訴訟は手続きが全く
異なるため法的な関係は薄そうと直観的には思いがちである．しかし前述の成
田新法事件などを通じてつながる部分があり，Nested DCSBM では，図 5.9

♠15本分析では同じ法律名・条文番号であっても意味が変わる可能性を考慮していない．特
にここでいう貸金業法 43 条は旧貸金業法 43 条であることに注意が必要である．

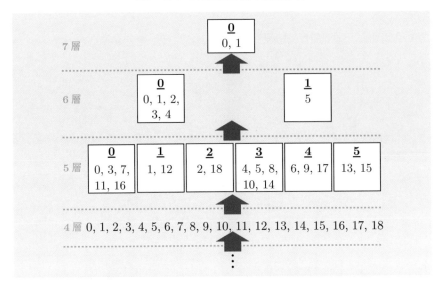

図 5.8　民事・刑事裁判に見る日本の法・判例の共起構造の全体

にあるようにむしろ過払い金訴訟を代表とする金融のブロックを 6 層目まで分けていたことは興味深い．これは分析対象期間が 1998 年から 2018 年までの限られたデータであり，この階層構造が表している法理との関連，あるいは成田新法事件のように援用する判決がまだ少ないことから，ネットワーク上でまだ孤立していると同時に，それらの法律と判例自体はつながりが密であることが一因であると考えられる．今後，金融絡みの判決文が増えていくことでこれらの法律と判例の孤立が解消されるかもしれないし，10 年経ってもこれらは特異な位置を占めているかもしれない．そうした意味で法理の進化過程の中途を目の当たりにしている可能性があり，その点でもこの洞察は興味深い．このように Nested DCSBM は定量的な観点から法の構造の階層性に関してメソスケールからマクロスケールまでの視点を一貫して提供してくれる．

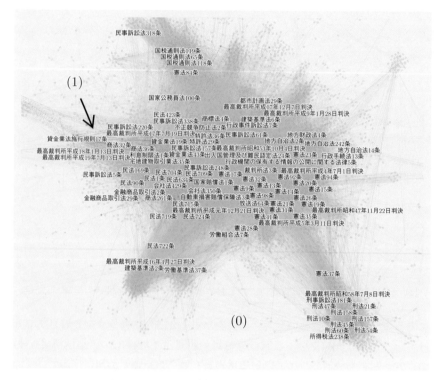

図 5.9　6 層目のブロック構造

▌5.4　ま　と　め

　前節の日本の判決文の分析に難点があるとすれば判決文全体で共起構造
をとってしまっているため法の論理構造の近似としては荒っぽい点である．
Kondo [270] では自然言語処理に注目した分析も行っており，筆者らは専門家を
用いたアノテーションデータ作成も含め判決文の構造をより引き出すための自
然言語処理技術の向上にも取り組んでいる．こうした技術を ChatGPT [274] の
ように年々進化している深層学習の技術と組み合わせることにより法ナレッジ
グラフの構築など的確に法の構造を数量化することが期待されている．また，
法律は法改正などによって同じ名称・条番号でも意味が異なることがある♠16．

♠16 過払い金訴訟のときに話題になった旧貸金業法 43 条と現貸金業法 43 条は異なる．

そうしたことを今回は無視しているため，これは ChatGPT にも同じ問題点を指摘できるが，より正確に法の構造の進化を反映できるようにすることも重要である．今後の展望としては他にも，本章で 2 か国の判決文を扱ったように日米の判決文の数量比較分析や法律の条文名や判例名ではなく法律条文や判例のテキストを外部知識として活用した予測問題の構築も興味深い．今後も新たな角度の数量分析を通じて法の構造に対する理解が深まることに期待したい．

参 考 文 献

第1章 複雑ネットワーク

[1] Hisano, R., Iyetomi, H., Mizuno, T., "Identifying the Hierarchical Influence Structure Behind Smart Sanctions Using Network Analysis", International Conference on Social Informatics, Springer International Publishing, pp. 95-107, 2020.

[2] 山西健司, 久野遼平, 島田敬士, 峰松翼, 井手剛, 「異常検知からリスク管理へ」, サイエンス社, 2022.

[3] Diestel, R., "Graph Theory", Springer-Verlag, Heidelberg, Graduate Texts in Mathematics, vol. 173, 2016.

[4] Crane, H., "Probabilistic Foundations of Statistical Network Analysis", Chapman and Hall/CRC, New York, 2018.

[5] Battiston, F., Cencetti, G., Iacopini, I., Latora, V., Lucas, M., Patania, A., Young, J., Petri, G., "Networks beyond pairwise interactions: Structure and dynamics", Physics Reports, vol. 874, pp. 1-92, 2020.

[6] 田中久美子, 「言語とフラクタル: 使用の集積の中にある偶然と必然」, 東京大学出版会, 2021.

[7] Saichev, A.I., Malevergne, Y., Sornette, D., "Theory of Zipf's Law and Beyond", Springer Berlin Heidelberg, Lecture Notes in Economics and Mathematical Systems, 2009.

[8] Erdős, P., Rényi, A., "On random graphs", Publ. Math. Debrecen, vol. 6, pp. 290-297, 1959.

[9] Gilbert, E.N., "Random graphs", Annals of Mathematical Statistics, vol. 30, no. 4, pp. 1141-1144, 1959.

[10] Erdős, P., Rényi, A., "On the evolution of random graphs", Bull. Inst. Internat. Statist., vol. 38, pp. 343-347, 1961.

[11] Bollobás, B., "Random Graphs", Second Edition, Cambridge University Press, 2001.

[12] Barabási, A.L., Albert, R., "Emergence of scaling in random networks", Science, vol. 286, no. 5439, pp. 509-512, 1999.

[13] van der Hofstad, R., "Random Graphs and Complex Networks: Volume 1", Cambridge University Press, USA, 2016.

[14] Yule, G.U., "A mathematical theory of evolution, based on the conclusions of Dr. J. C. Willis, F.R.S", Phil. Trans. R. Soc. Lond., B, vol. 213, pp. 21-87, 1925.

[15] Champernowne, D., "A Model of Income Distribution", Economic Journal, vol. 63, pp. 318-351, 1953.

[16] Simon, H.A., "On a Class of Skew Distribution Functions", Biometrika, vol.

42, no. 3/4, pp. 425-440, 1955.

[17] Bloem-Reddy, B., Foster, A., Mathieu, E., Teh, Y.W., "Sampling and Inference for Beta Neutral-to-the-Left Models of Sparse Networks", UAI, 2018.

[18] Crane, H., Dempsey, W., "Edge Exchangeable Models for Interaction Networks", Journal of the American Statistical Association, vol. 113, no. 523, pp. 1311-1326, 2018.

[19] Shalizi, C.R., "Power Law Distributions, 1/f Noise, Long-Memory Time Series", http://bactra.org/notebooks/power-laws.html.

[20] McNeil, A.J., Frey, R., Embrechts, P., "Quantitative Risk Management: Concepts, Techniques, and Tools", Princeton University Press, 2015.

[21] Clauset, A., Shalizi, C.R., Newman, M.E.J., "Power-Law Distributions in Empirical Data", SIAM Review, vol. 51, no. 4, pp. 661-703, 2009.

[22] Alstott, J., Bullmore, E., Plenz, D., "Powerlaw: A Python Package for Analysis of Heavy-Tailed Distributions", PLoS ONE, vol. 9, no. 1, e85777, 2014.

[23] Lehmann, E., Romano, J., "Testing Statistical Hypotheses", Springer Texts in Statistics, Springer, New York, 3rd edition, 2005.

[24] Malevergne, Y., Pisarenko, V., Sornette, D., "Testing the Pareto against the Lognormal Distributions with the Uniformly Most Powerful Unbiased Test Applied to the Distribution of Cities", Physical Review E, vol. 83, no. 3, 036111, 2011.

[25] Holland, P.W., Laskey, K.B., Leinhardt, S., "Stochastic Blockmodels: First Steps", Social Networks, vol. 5, no. 2, pp. 109-137, 1983.

[26] Nowicki, K., Snijders, T.A.B., "Estimation and Prediction for Stochastic Block Structures", Journal of the American Statistical Association, vol. 96, no. 455, pp. 1077-1087, 2001.

[27] Newman, M.E.J., Girvan, M., "Finding and Evaluating Community Structure in Networks", Physical Review E, vol. 69, no. 2, 026113, 2004.

[28] Cimini, G., Mastrandrea, R., Squartini, T., "Reconstructing Networks", Cambridge University Press, 2021.

[29] Chung, F., Lu, L., "Connected Components in Random Graphs with Given Expected Degree Sequences", Annals of Combinatorics, vol. 6, no. 2, pp. 125-145, 2002.

[30] Newman, M.E.J., "Modularity and Community Structure in Networks", Proc. Natl. Acad. Sci., vol. 103, pp. 8577-8582, 2006.

[31] Clauset, A., "Finding Local Community Structure in Networks", Physical Review E, vol. 72, no. 2, 026132, 2005.

[32] Blondel, V.D., Guillaume, J.L., Lambiotte, R., Lefebvre, E., "Fast Unfolding of Communities in Large Networks", Journal of Statistical Mechanics: Theory and Experiment, vol. 2008, no. 10, P10008, 2008.

[33] Hisano, R., Sornette, D., Mizuno, T., "Prediction of ESG Compliance Using a Heterogeneous Information Network", Journal of Big Data, vol. 7, no. 22, 2020.

[34] Eades, P., "A Heuristic for Graph Drawing", Congressus Numerantium, vol. 42, pp. 149-160, 1984.

[35] Fruchterman, T.M.J., Reingold, E.M., "Graph Drawing by Force-Directed Placement", Softw: Pract Exper, vol. 21, pp. 1129-1164, 1991.

[36] Noack, A., "Modularity Clustering is Force-Directed Layout", Physical Review E, vol. 79, no. 2, 026102, 2009.

[37] Noack, A., "Unified Quality Measures for Clusterings, Layouts, and Orderings of Graphs, and Their Application as Software Design Criteria", Brandenburg University of Technology, Cottbus, Germany, 2007.

[38] Noack, A., "Energy Models for Graph Clustering", Journal of Graph Algorithms and Applications, vol. 11, no.2, pp. 453-480, 2007.

[39] Jacomy, M., Venturini, T., Heymann, S., Bastian, M., "ForceAtlas2, a Continuous Graph Layout Algorithm for Handy Network Visualization Designed for the Gephi Software", PLOS ONE, vol. 9, no. 6, e98679, 2014.

[40] Fortunato, S., Barthélemy, M., "Resolution Limit in Community Detection", Proc. Natl. Acad. Sci. USA, vol. 104, no. 1, pp. 36-41, 2007.

[41] Yang, J., Leskovec, J., "Defining and Evaluating Network Communities Based on Ground-Truth", Knowledge and Information Systems, vol. 42, no. 1, pp. 181-213, 2015.

[42] Radicchi, F., Castellano, C., Cecconi, F., Loreto, V., Parisi, D., "Defining and Identifying Communities in Networks", Proc. Natl. Acad. Sci., vol. 101, no. 9, pp. 2658-2663, 2004.

[43] Creusefond, J., Largillier, T., Peyronnet, S., "On the Evaluation Potential of Quality Functions in Community Detection for Different Contexts", International Conference and School on Network Science, 2016.

[44] Zhang, P., Moore, C., "Scalable Detection of Significant Communities", Proc. Natl. Acad. Sci., vol. 111, no. 51, pp. 18144-18149, 2014.

[45] Milgram, S., "The Small World Problem", Psychology Today, vol. 2, no. 1, pp. 60-67, 1967.

[46] Watts, D.J., Strogatz, S.H., "Collective Dynamics of 'Small-World' Networks", Nature, vol. 393, no. 6684, pp. 440-442, 1998.

[47] Porter, M.A., "Small-World Network", Scholarpedia, vol. 7, no. 2, 1739, 2012.

[48] Latora, V., Nicosia, V., Russo, G., "Complex Networks: Principles, Methods and Applications", Cambridge University Press, 2017.

[49] Granovetter, M., "The Strength of Weak Ties", The American Journal of Sociology, vol. 78, no.6, pp. 1360-1380, 1973.

[50] Barrat, A., Weigt, M., "On the Properties of Small-World Network Models", Eur. Phys. J. B, vol. 13, pp. 547-560, 2000.

[51] Holme, P., Kim, B.J., "Growing Scale-Free Networks with Tunable Clustering", Physical Review E, vol. 65, no.2, 026107, 2002.

[52] Milo, R., Shen-Orr, S., Itzkovitz, S., Kashtan, N., Chklovskii, D., Alon, U., "Network Motifs: Simple Building Blocks of Complex Networks", Science, vol. 298, no. 5594, pp. 824-827, 2002.

[53] Masuda, N., Lambiotte, R., "A Guide to Temporal Networks", Series On Complexity Science, World Scientific Publishing Company, 2016.

[54] Mora, B., Cirtwill, A., Stouffer, D., "pymfinder: A Tool for the Motif Analysis of Binary and Quantitative Complex Networks", 2018.

[55] Bianconi, G., "Multilayer Networks: Structure and Function", OUP Oxford, 2018.

[56] Veerman, J.J.P., Lyons, R., "A Primer on Laplacian Dynamics in Directed Graphs", arXiv:2002.02605, 2020.

[57] Page, L., Brin, S., Motwani, R., Winograd, T., "The Pagerank Citation Ranking: Bringing Order to the Web", Technical report, Stanford, 1999.

[58] Thurner, S., Klimek, P., Hanel, R., "Introduction to the Theory of Complex Systems", Oxford University Press, 2018.

[59] Brandes, U., "A Faster Algorithm for Betweenness Centrality", Journal of Mathematical Sociology, vol. 25, no. 163, pp. 163-177, 2001.

[60] Riondato, M., Kornaropoulos, E.M., "Fast Approximation of Betweenness Centrality Through Sampling", International conference on Web search and data mining, pp. 413-422, 2014.

[61] Geisberger, R., Sanders, P., Schultes, D., "Better Approximation of Betweenness Centrality", ALENEX, 2008.

[62] Grinten, A.V., Angriman, E., Meyerhenke, H., "Parallel Adaptive Sampling with Almost No Synchronization", arxiv:1903.09422, 2019.

[63] Kleinberg, J.M., "Authoritative Sources in a Hyperlinked Environment", J. ACM, vol. 46, no. 5, pp. 604-632, 1999.

[64] Elliott, M., Golub, B., Jackson, M.O., "Financial Networks and Contagion", American Economic Review, vol. 104, no. 10, pp. 3115-3153, 2014.

[65] Acemoglu, D., Carvalho, V.M., Ozdaglar, A., Tahbaz-Salehi, A., "The Network Origins of Aggregate Fluctuations", Econometrica, vol. 80, no. 5, pp. 1977-2016, 2012.

[66] Carvalho, V.M., Tahbaz-Salehi, A., "Production Networks: A Primer", Annual Review of Economics, vol. 11, pp. 635-663, 2019.

[67] Acemoglu, D., Ozdaglar, A., Tahbaz-Salehi, A., "Systemic Risk and Stability in Financial Networks", American Economic Review, vol. 105, no. 2, pp.

564-608, 2015.

[68] Soramäki, K., Bech, M.L., Arnold, J., Glass, R.J., Beyeler, W.E., "The Topology of Interbank Payment Flows", Physica A, vol. 379, no. 1, pp. 317-333, 2007.

[69] Kojaku, S., Cimini, G., Caldarelli, G., Masuda, N., "Structural Changes in the Interbank Market Across the Financial Crisis from Multiple Core-Periphery Analysis", The Journal of Network Theory in Finance, vol. 4, no. 3, pp. 33-52, 2018.

[70] Verma, T., Russmann, F., Araújo, N., et al., "Emergence of Core-Peripheries in Networks", Nature Communications, vol. 7, 10441, 2016.

[71] Borgatti, S.P., Everett, M.G., "Models of Core/Periphery Structures", Social Networks, vol. 21, no. 4, pp. 375-395, 2000.

[72] Kojaku, S., Masuda, N., "Finding Multiple Core-Periphery Pairs in Networks", Physical Review E, vol. 96, no.5, 052313, 2017.

[73] Boyd, J.P., Fitzgerald, W.J., Beck, R.J., "Computing Core/Periphery Structures and Permutation Tests for Social Relations Data", Social Networks, vol. 28, no. 2, pp. 165-178, 2006.

[74] Boyd, J.P., Fitzgerald, W.J., Mahutga, M.C., Smith, D., "Computing Continuous Core/Periphery Structures for Social Relations Data with MINRES/SVD", Social Networks, vol. 32, no. 2, pp. 125-137, 2010.

[75] Kojaku, S., Masuda, N., "Core-Periphery Structure Requires Something Else in Networks", New Journal of Physics, vol. 20, no. 4, 043012, 2018.

[76] Broder, A., Kumar, R., Maghoul, F., Raghavan, P., Rajagopalan, S., Stata, R., Tomkins, A., Wiener, J., "Graph Structure in the Web", Comput. Netw., vol. 33, no. 1-6, pp. 309-320, 2000.

[77] Kichikawa, Y., Iyetomi, H., Iino, T., Inoue, H., "Community Structure Based on Circular Flow in a Large-Scale Transaction Network", Applied Network Science, vol. 4, no. 92, pp. 1-23, 2019.

[78] MacKay, R.S., Johnson, S., Sansom, B., "How Directed is a Directed Network?", Royal Society Open Science, vol. 7, 201138, 2020.

[79] Rosvall, M., Bergstrom, C.T., "Maps of Random Walks on Complex Networks Reveal Community Structure", Proc. Natl. Acad. Sci., vol. 105, no. 4, pp. 1118-1123, 2008.

[80] Piantadosi, S.T., Tily, H., Gibson, E., "Word Lengths are Optimized for Efficient Communication", Proc. Natl. Acad. Sci., vol. 108, no. 9, pp. 3526-3529, 2011.

[81] Rocha, L.E.C., Masuda, N., "Random Walk Centrality for Temporal Networks", New Journal of Physics, vol. 16, no. 6, 063023, 2014.

[82] Rosvall, M., Esquivel, A.V., Lancichinetti, A., West, J.D., Lambiotte, R.,

"Memory in Network Flows and Its Effects on Spreading Dynamics and Community Detection", Nature Communications, vol. 5, 4630, 2014.

[83] Scholtes, I., Wider, N., Pfitzner, R., Garas, A., Tessone, C.J., Schweitzer, F., "Causality-Driven Slow-Down and Speed-Up of Diffusion in Non-Markovian Temporal Networks", Nature Communications, vol. 5, 5024, 2014.

第 2 章 統計的ネットワーク

[84] Murphy, K.P., "Probabilistic Machine Learning: Advanced Topics", MIT Press, 2023.

[85] Aicher, C., Jacobs, A.Z., Clauset, A., "Learning Latent Block Structure in Weighted Networks", Journal of Complex Networks, vol. 3, no. 2, pp. 221-248, June 2015.

[86] Peixoto, T.P., "Nonparametric Weighted Stochastic Block Models", Physical Review E, vol. 97, no. 1, 012306, 2018.

[87] Daudin, J.J., Picard, F., Robin, S., "A Mixture Model for Random Graphs", Statistics and Computing, vol. 18, no. 2, pp. 173-183, 2008.

[88] Latouche, P., Birmelé, E., Ambroise, C., "Variational Bayesian Inference and Complexity Control for Stochastic Block Models", Statistical Modelling, vol. 12, no. 1, pp. 93-115, 2012.

[89] Dabbs, B., Junker, B., "Comparison of Cross-Validation Methods for Stochastic Block Models", arXiv:160503000, 2016.

[90] Kemp, C., Tenenbaum, J.B., Griffiths, T.L., Yamada, T., Ueda, N., "Learning Systems of Concepts with an Infinite Relational Model", Proceedings of the Annual Conference on Artificial Intelligence, 2006.

[91] Peixoto, T.P., "Bayesian Stochastic Blockmodeling", Advances in network clustering and blockmodeling, pp. 289-332, 2017.

[92] Yamanishi, K., "Learning with the Minimum Description Length Principle", Springer Verlag, Singapore, 2023.

[93] 山西健司,「情報論的学習とデータマイニング」, 朝倉書店, 2014.

[94] Rissanen, J., "Stochastic Complexity in Learning", Journal of Computer and System Sciences, vol. 55, no. 1, pp. 89-95, 1997.

[95] Yamanishi, K., Wu, T., Sugawara, S., et al., "The Decomposed Normalized Maximum Likelihood Code-Length Criterion for Selecting Hierarchical Latent Variable Models", Data Min Knowl Disc, vol. 33, pp. 1017-1058, 2019.

[96] Wu, T., Sugawara, S., Yamanishi, K., "Decomposed Normalized Maximum Likelihood Codelength Criterion for Selecting Hierarchical Latent Variable Models", SIGKDD International Conference on Knowledge Discovery and Data Mining, 2017.

[97] 山西健司,「情報論的学習理論」, 共立出版, 2010.

[98] Peixoto, T.P., "Hierarchical Block Structures and High-Resolution Model Se-

lection in Large Networks", Physical Review X, vol. 4, no. 1, pp. 011047, 2014.

[99] Funke, T., Becker, T., "Stochastic Block Models: A Comparison of Variants and Inference Methods", PLoS ONE, vol. 14, no. 4, e0215296, 2019.

[100] Karrer, B., Newman, M.E.J., "Stochastic Blockmodels and Community Structure in Networks", Physical Review E, vol. 83, no. 1, 016107, 2011.

[101] Zhao, Y., Levina, E., Zhu, J., "Consistency of Community Detection in Networks Under Degree-Corrected Stochastic Block Models", Annals of Statistics, vol. 40, no. 4, pp. 2266-2292, 2012.

[102] de Finetti, B., "La prevision: ses lois logiques, ses sources subjectives", Annals of the Institute Poincare, vol. 7, no. 1, pp. 1-68, 1937.

[103] Migon, H.S., Gamerman, D., Louzada, F., "Statistical Inference: An Integrated Approach", Second Edition, Chapman and Hall, 2014.

[104] O'Neill, B., "Exchangeability, Correlation, and Bayes' Effect", International Statistical Review, vol. 77, no. 2, pp. 241-250, 2009.

[105] Orbanz, P., Roy, D.M., "Bayesian Models of Graphs, Arrays and Other Exchangeable Random Structures", IEEE Transactions on Pattern Analysis and Machine Intelligence, vol. 37, no. 2, pp. 437-461, 2015.

[106] Hoover, D.N., "Row-Column Exchangeability and a Generalized Model for Probability", in Exchangeability in Probability and Statistics (Rome, 1981), North-Holland, Amsterdam, pp. 281-291, 1982.

[107] Aldous, D.J., "Exchangeability and Related Topics", in École d'Été de Probabilités de Saint-Flour, XIII-1983, Lecture Notes in Math., vol. 1117, Springer, Berlin, pp. 1-198, 1985.

[108] Caron, F., Fox, E.B., "Sparse Graphs Using Exchangeable Random Measures", Journal of the Royal Statistical Society: Series B (Statistical Methodology), vol. 79, no. 5, pp. 1295-1366, 2017.

[109] Lovász, L., "Large Networks and Graph Limits", American Mathematical Society, vol. 60, 2012.

[110] Hoff, P., "Modeling Homophily and Stochastic Equivalence in Symmetric Relational Data", NIPS, pp. 657-664, 2008.

[111] Bickel, P.J., Chen, A., "A Nonparametric View of Network Models and Newman-Girvan and Other Modularities", Proc. Natl. Acad. Sci., vol. 106, no. 50, pp. 21068-21073, 2009.

[112] Hoff, P.D., Raftery, A.E., Handcock, M.S., "Latent Space Approaches to Social Network Analysis", Journal of the American Statistical Association, vol. 97, no. 460, pp. 1090-1098, 2002.

[113] Minhas, S., Hoff, P., Ward, M., "Inferential Approaches for Network Analysis: AMEN for Latent Factor Models", Political Analysis, vol. 27, no. 2, pp. 208-222, 2019.

[114] Sewell, D.K., Chen, Y., "Latent Space Models for Dynamic Networks", Journal of the American Statistical Association, vol. 110, no. 512, pp. 1646-1657, 2015.

[115] Westveld, A.H., Hoff, P.D., "A Mixed Effects Model for Longitudinal Relational and Network Data, with Applications to International Trade and Conflict", The Annals of Applied Statistics, vol. 5, no. 2, pp. 843-872, 2011.

[116] Ho, Q., Yin, J., Xing, E.P., "Latent Space Inference of Internet-Scale Networks", The Journal of Machine Learning Research, vol. 17, no. 1, pp. 2756-2796, 2016.

[117] Hoff, P.D., "Bilinear Mixed-Effects Models for Dyadic Data", Journal of the American Statistical Association, vol. 100, no. 469, pp. 286-295, 2005.

[118] Spiegelhalter, D.J., Best, N.G., Carlin, B.P., van der Linde, A., "Bayesian Measures of Model Complexity and Fit (with Discussion)", Journal of the Royal Statistical Society: Series B, vol. 64, no. 4, pp. 583-639, 2002.

[119] Williamson, S.A., "Nonparametric Network Models for Link Prediction", Journal of Machine Learning Research, vol. 17, no. 202, pp. 1-21, 2016.

[120] Zhang, W., Hisano, R., Ohnishi, T., Mizuno, M., "Nondiagonal Mixture of Dirichlet Network Distributions for Analyzing a Stock Ownership Network", Complex Networks and Their Applications IX, Studies in Computational Intelligence, pp. 75-86, 2020.

[121] Young, J.G., Hébert-Dufresne, L., Laurence, E., Murphy, C., St-Onge, G., Desrosiers, P., "Network Archaeology: Phase Transition in the Recoverability of Network History", arXiv:1803.09191, 2018.

[122] Bloem-Reddy, B., Orbanz, P., "Random-Walk Models of Network Formation and Sequential Monte Carlo Methods for Graphs", Journal of the Royal Statistical Society: Series B, vol. 80, no. 5, pp. 871-898, 2018.

[123] Frank, O., Strauss, D., "Markov Graphs", Journal of the American Statistical Association, vol. 81, no. 395, pp. 832-842, 1986.

[124] Wasserman, S., Pattison, P., "Logit Models and Logistic Regressions for Social Networks: I. An Introduction to Markov Graphs and p*", Psychometrika, vol. 61, no. 3, pp. 401-425, 1996.

[125] Hunter, D.R., Goodreau, S.M., Handcock, M.S., "Goodness of Fit of Social Network Models", Journal of the American Statistical Association, vol. 103, no. 481, pp. 248-258, 2008.

[126] Mele, A., "A Structural Model of Dense Network Formation", Econometrica, vol. 85, pp. 825-850, 2017.

[127] Graham, B., de Paula, A., "The Econometric Analysis of Network Data", Elsevier Science, 2020.

[128] Bach, S.H., Broecheler, M., Huang, B., Getoor, L., "Hinge-Loss Markov Ran-

dom Fields and Probabilistic Soft Logic", Journal of Machine Learning Research, vol. 18, no. 1, pp. 3846-3912, 2017.

[129] Bach, S.H., Huang, B., London, B., Getoor, L., "Hinge-Loss Markov Random Fields: Convex Inference for Structured Prediction", UAI, 2013.

[130] Jiang, M., Beutel, A., Cui, P., Hooi, B., Yang, S., Faloutsos, C., "Spotting Suspicious Behaviors in Multimodal Data: A General Metric and Algorithms", TKDE, vol. 28, no. 8, pp. 2187-2200, 2016.

[131] Hooi, B., Shin, K., Lamba, H., Faloutsos, C., "TellTail: Fast Scoring and Detection of Dense Subgraphs", AAAI, 2020.

[132] Li, X., Liu, S., Li, Z., Han, X., Shi, C., Hooi, B., Huang, H., Cheng, X., "Flowscope: Spotting Money Laundering Based on Graphs", AAAI, 2020.

第 3 章 グラフニューラルネットワーク

[133] Mikolov, T., Sutskever, I., Chen, K., Corrado, G.S., Dean, J., "Distributed Representations of Words and Phrases and Their Compositionality", NIPS, 2013.

[134] Perozzi, B., Al-Rfou, R., Skiena, S., "DeepWalk: Online Learning of Social Representations", SIGKDD International Conference on Knowledge Discovery and Data Mining, 2014.

[135] Grover, A., Leskovec, J., "Node2vec: Scalable Feature Learning for Networks", SIGKDD International Conference on Knowledge Discovery and Data Mining, 2016.

[136] Qiu, J., Dong, Y., Ma, H., Li, J., Wang, K., Tang, J., "Network Embedding as Matrix Factorization: Unifying DeepWalk, LINE, PTE, and node2vec", SIGKDD International Conference on Knowledge Discovery and Data Mining, 2018.

[137] Hamilton, W.L., Ying, R., Leskovec, J., "Representation Learning on Graphs: Methods and Applications", IEEE Data Engineering Bulletin, vol. 40, no. 3, pp. 52-74, 2017.

[138] Scarselli, F., Gori, M., Tsoi, A.C., Hagenbuchner, M., Monfardini, G., "The Graph Neural Network Model", IEEE Transactions on Neural Networks, vol. 20, no. 1, pp. 61-80, 2009.

[139] Gallicchio, C., Micheli, A., "Graph Echo State Networks", Proceedings of the International Joint Conference on Neural Networks (IJCNN), pp. 1-8, 2010.

[140] Kipf, T.N., Welling, M., "Semi-Supervised Classification with Graph Convolutional Networks", International Conference on Learning Representations (ICLR), 2017.

[141] Li, Q., Han, Z., Wu, X.M., "Deeper Insights into Graph Convolutional Networks for Semi-Supervised Learning", AAAI, 2018.

[142] Bacciu, D., Errica, F., Micheli, A., Podda, M., "A Gentle Introduction to Deep

Learning for Graphs", Neural Networks, vol. 129, pp. 203-221, 2020.

[143] Bruna, J., Zaremba, W., Szlam, A., Lecun, Y., "Spectral Networks and Locally Connected Networks on Graphs", International Conference on Learning Representations (ICLR), 2014.

[144] Defferrard, M., Bresson, X., Vandergheynst, P., "Convolutional Neural Networks on Graphs with Fast Localized Spectral Filtering", NIPS, 2016.

[145] Zhang, Z., Cui, P., Zhu, W., "Deep Learning on Graphs: A Survey", arxiv:1812.04202, 2018.

[146] Wu, Z., Pan, S., Chen, F., Long, G., Zhang, C., Yu, P.S., "A Comprehensive Survey on Graph Neural Networks", IEEE Transactions on Neural Networks and Learning Systems, vol. 32, no. 1, pp. 4-24, 2019.

[147] Vaswani, A., Shazeer, N., Parmar, N., Uszkoreit, J., Jones, L., Gomez, A.N., Kaiser, L., Polosukhin, I., "Attention Is All You Need", NIPS, 2017.

[148] Velickovic, P., Cucurull, G., Casanova, A., Romero, A., Lio, P., Bengio, Y., "Graph Attention Networks", International Conference on Learning Representations (ICLR), 2018.

[149] Hamilton, W., Ying, Z., Leskovec, J., "Inductive Representation Learning on Large Graphs", NIPS, 2017.

[150] Chen, J., Ma, T., Xiao, C., "FastGCN: Fast Learning with Graph Convolutional Networks via Importance Sampling", International Conference on Learning Representations (ICLR), 2018.

[151] Chen, D., Lin, Y., Li, W., Li, P., Zhou, J., Sun, X., "Measuring and Relieving the Over-Smoothing Problem for Graph Neural Networks from the Topological View", AAAI, 2020.

[152] 大野健太, 「グラフニューラルネットワークの過平滑化現象」, 人工知能, 第 38 巻, 第 2 号, pp. 149-157, 2023.

[153] Oono, K., Suzuki, T., "Graph Neural Networks Exponentially Lose Expressive Power for Node Classification", International Conference on Learning Representations (ICLR), 2020.

[154] Chen, M., Wei, Z., Huang, Z., Ding, B., Li, Y., "Simple and Deep Graph Convolutional Networks", International Conference on Machine Learning, 2020.

[155] Rong, Y., Huang, W., Xu, T., Huang, J., "DropEdge: Towards Deep Graph Convolutional Networks on Node Classification", International Conference on Learning Representations (ICLR), 2019.

[156] Yu, Z., et al., "Fragmentation Coagulation Based Mixed Membership Stochastic Blockmodel", AAAI, 2020.

[157] Grattarola, D., Zambon, D., Bianchi, F.M., Alippi, C., "Understanding Pooling in Graph Neural Networks", arXiv:2110.05292, 2021.

[158] Ying, Z., You, J., Morris, C., Ren, X., Hamilton, W., Leskovec, J., "Hierar-

chical Graph Representation Learning with Differentiable Pooling", NeurIPS, 2018.

[159] Gao, H., Ji, S., "Graph U-nets", Proceedings of the International Conference on Machine Learning (ICML), 2019.

[160] Li, Y., Yu, R., Shahabi, C., Liu, Y., "Diffusion Convolutional Recurrent Neural Network: Data-Driven Traffic Forecasting", International Conference on Learning Representations (ICLR), 2018.

[161] Wu, Z., Pan, S., Long, G., Jiang, J., Zhang, C., "Graph WaveNet for Deep Spatial-Temporal Graph Modeling", Proceedings of the 28th International Joint Conference on Artificial Intelligence, AAAI Press, pp. 1907-1913, 2019.

[162] Jiang, R., Yin, D., Wang, Z., Wang, Y., Deng, J., Liu, H., Cai, Z., Deng, J., Song, X., Shibasaki, R., "DL-Traff: Survey and Benchmark of Deep Learning Models for Urban Traffic Prediction", Proceedings of the ACM International Conference on Information and Knowledge Management, pp. 4515-4525, 2021.

[163] Jin, J., Heimann, M., Jin, D., Koutra, D., "Understanding and Evaluating Structural Node Embeddings", SIGKDD International Conference on Knowledge Discovery and Data Mining Workshop, 2020.

[164] Lorrain, F., White, H.C., "Structural Equivalence of Individuals in Social Networks", The Journal of Mathematical Sociology, vol. 1, no. 1, pp. 49-80, 1971.

[165] Ribeiro, L.F.R., Saverese, P.H.P., Figueiredo, D.R., "struc2vec: Learning Node Representations from Structural Identity", SIGKDD International Conference on Knowledge Discovery and Data Mining, 2017.

[166] Donnat, C., Zitnik, M., Hallac, D., Leskovec, J., "Learning Structural Node Embeddings via Diffusion Wavelets", SIGKDD International Conference on Knowledge Discovery and Data Mining, 2018.

[167] Ceylan, C., Ghoorchian, K., Kragic, D., "Digraphwave: Scalable Extraction of Structural Node Embeddings via Diffusion on Directed Graphs", arXiv:2207.10149, 2022.

[168] Srinivasan, B., Ribeiro, B., "On the Equivalence Between Positional Node Embeddings and Structural Graph Representations", International Conference on Learning Representations (ICLR), 2020.

[169] Zhu, J., Lu, X., Heimann, M., Koutra, D., "Node Proximity Is All You Need: Unified Structural and Positional Node and Graph Embedding", Society for Industrial and Applied Mathematics, pp. 163-171, 2021.

[170] Min, E., et al., "Transformer for Graphs: An Overview from Architecture Perspective", arXiv:2202.08455, 2022.

[171] Dwivedi, V.P., Bresson, X., "A Generalization of Transformer Networks to Graphs", AAAI Workshop on Deep Learning on Graphs: Methods and Applications, 2021.

[172] Jain, P., Wu, Z., Wright, M., Mirhoseini, A., Gonzalez, J.E., Stoica, I., "Representing Long-Range Context for Graph Neural Networks with Global Attention", NeurIPS, 2021.

[173] Geisler, S., Li, Y., Mankowitz, D., Cemgil, A.T., Günnemann, S., Paduraru, C., "Transformers Meet Directed Graphs", International Conference on Machine Learning, 2023.

[174] Faez, F., Ommi, Y., Baghshah, M., Rabiee, H., "Deep Graph Generators: A Survey", arXiv:2012.15544, 2020.

[175] Kingma, D.P., Welling, M., "Auto-Encoding Variational Bayes", CoRR:1312.6114, 2013.

[176] Kipf, T.N., Welling, M., "Variational Graph Auto-Encoders", NeurIPS Workshop on Bayesian Deep Learning, 2016.

[177] Simonovsky, M., Komodakis, N., "GraphVAE: Towards Generation of Small Graphs Using Variational Autoencoders", International Conference on Artificial Neural Networks, Springer, pp. 412-422, 2018.

[178] You, J., Ying, R., Ren, X., Hamilton, W.L., Leskovec, J., "GraphRNN: Generating Realistic Graphs with Deep Auto-regressive Models", International Conference on Machine Learning, 2018.

[179] Chung, J., Gulcehre, C., Cho, K., Bengio, Y., "Empirical Evaluation of Gated Recurrent Neural Networks on Sequence Modeling", NIPS Workshop on Deep Learning, 2014.

[180] Goyal, N., Jain, H.V., Ranu, S., "GraphGen: A Scalable Approach to Domain-agnostic Labeled Graph Generation", Proceedings of The Web Conference 2020, pp. 1253-1263, 2020.

[181] Yan, X., Han, J., "gSpan: Graph-Based Substructure Pattern Mining", Proceedings of the IEEE International Conference on Data Mining (ICDM), pp. 721-724, 2002.

[182] Liao, R., Li, Y., Song, Y., Wang, S., Nash, C., Hamilton, W.L., Duvenaud, D., Urtasun, R., Zemel, R., "Efficient Graph Generation with Graph Recurrent Attention Networks", NeurIPS, 2019.

[183] Li, Y., Vinyals, O., Dyer, C., Pascanu, R., Battaglia, P., "Learning Deep Generative Models of Graphs", arXiv:1803.03324, 2018.

[184] Chen, X., Han, X., Hu, J., Ruiz, F., Liu, L., "Order Matters: Probabilistic Modeling of Node Sequence for Graph Generation", International Conference on Machine Learning, 2021.

[185] Dai, H., Nazi, A., Li, Y., Dai, B., Schuurmans, D., "Scalable Deep Generative Modeling for Sparse Graphs", International Conference on Machine Learning, 2020.

[186] Dinh, L., Sohl-Dickstein, J., Bengio, S., "Density Estimation Using Real NVP",

International Conference on Learning Representations (ICLR), 2017.

[187] Dinh, L., Krueger, D., Bengio, Y., "NICE: Non-linear Independent Components Estimation", arXiv:1410.8516, 2014.

[188] Liu, J., Kumar, A., Ba, J., Kiros, J., Swersky, K., "Graph Normalizing Flows", NeurIPS, 2019.

[189] Papamakarios, G., Pavlakou, T., Murray, I., "Masked Autoregressive Flow for Density Estimation", NeurIPS, 2017.

[190] Shi, C., Xu, M., Zhu, Z., Zhang, W., Zhang, M., Tang, J., "GraphAF: A Flow-Based Autoregressive Model for Molecular Graph Generation", International Conference on Learning Representations (ICLR), 2020.

[191] Vignac, C., Krawczuk, I., Siraudin, A., Wang, B., Cevher, V., Frossard, P., "DiGress: Discrete Denoising Diffusion for Graph Generation", arXiv:2209.14734, 2022.

[192] 岡野原大輔, 「拡散モデル: データ生成技術の数理」, 岩波書店, 2023.

[193] Cornish, R., Caterini, A., Deligiannidis, G., Doucet, A., "Relaxing Bijectivity Constraints with Continuously Indexed Normalising Flows", International Conference on Machine Learning, 2020.

[194] Fan, W., Liu, C., Liu, Y., Li, J., Li, H., Liu, H., Tang, J., Li, Q., "Generative Diffusion Models on Graphs: Methods and Applications", arXiv:2302.02591, 2023.

[195] Goodfellow, I.J., Pouget-Abadie, J., Mirza, M., Xu, B., Warde-Farley, D., Ozair, S., Courville, A.C., Bengio, Y., "Generative Adversarial Nets", NIPS, 2014.

[196] Bojchevski, A., Shchur, O., Zügner, D., Günnemann, S., "NetGAN: Generating Graphs via Random Walks", International Conference on Machine Learning, 2018.

[197] Hochreiter, S., Schmidhuber, J., "Long Short-term Memory", Neural Computation, vol. 9, no. 8, pp. 1735-1780, 1997.

[198] Arjovsky, M., Chintala, S., Bottou, L., "Wasserstein GAN", arXiv:1701.07875, 2017.

[199] Rendsburg, L., Heidrich, H., Von Luxburg, U., "NetGAN without GAN: From Random Walks to Low-Rank Approximations", International Conference on Machine Learning, 2020.

[200] Poursafaei, F., Huang, S., Pelrine, K., and Rabbany, R., "Towards Better Evaluation for Dynamic Link Prediction", NeurIPS, 2022.

[201] Zhang, H., "A Deep Learning Approach to Dynamic Interbank Network Link Prediction", International Journal of Financial Studies, vol. 10, no. 3, 2022.

[202] Kumar, S., Zhang, X., Leskovec, J., "Predicting Dynamic Embedding Trajectory in Temporal Interaction Networks", SIGKDD International Conference

on Knowledge Discovery and Data Mining, 2019.

[203] Pareja, A., Domeniconi, G., Chen, J., Ma, T., Suzumura, T., Kanezashi, H., Kaler, T., Schardl, T., Leiserson, C., "EvolveGCN: Evolving Graph Convolutional Networks for Dynamic Graphs", In Conference on Artificial Intelligence, 2020.

[204] Yu, L., Sun, L., Du, B., Lv, W., "Towards Better Dynamic Graph Learning: New Architecture and Unified Library", arxiv:2303.13047, 2023.

[205] Xue, G., Zhong, M., Li, J., Chen, J., Zhai, C., Kong, R., "Dynamic Network Embedding Survey", Neurocomputing, vol. 472, pp. 212-223, 2022.

[206] Zhang, L., Zhao, L., Qin, S., Pfoser, D., Ling, C., "TG-GAN: Continuous-time Temporal Graph Deep Generative Models with Time-Validity Constraints", Proceedings of the Web Conference (WWW), 2021.

[207] Gupta, S., Manchanda, S., Bedathur, S., Ranu, S., "TIGGER: Scalable Generative Modelling for Temporal Interaction Graphs", arXiv:2203.03564, 2022.

[208] Hu, Z., Dong, Y., Wang, K., Chang, K.W., Sun, Y., "GPT-GNN: Generative Pre-Training of Graph Neural Networks", SIGKDD International Conference on Knowledge Discovery and Data Mining, 2020.

[209] Veličković, P., Fedus, W., Hamilton, W.L., Liò, P., Bengio, Y., Hjelm, R.D., "Deep Graph Infomax", International Conference on Learning Representations (ICLR), 2019.

[210] Xie, Y., et al., "Self-Supervised Learning of Graph Neural Networks: A Unified Review", arXiv:2102.10757, 2021.

[211] Yuan, H., Yu, H., Gui, S., Ji, S., "Explainability in Graph Neural Networks: A Taxonomic Survey", IEEE Transactions on Pattern Analysis and Machine Intelligence, 2022.

[212] Dabkowski, P., Gal, Y., "Real Time Image Saliency for Black Box Classifiers", NIPS, 2017.

[213] Luo, D., Cheng, W., Xu, D., Yu, W., Zong, B., Chen, H., Zhang, X., "Parameterized Explainer for Graph Neural Network", NeurIPS, 2020.

[214] Dong, Y., Chawla, N.V., Swami, A., "metapath2vec: Scalable Representation Learning for Heterogeneous Networks", SIGKDD International Conference on Knowledge Discovery and Data Mining, 2017.

[215] Wang, M., Qiu, L., Wang, X., "A Survey on Knowledge Graph Embeddings for Link Prediction", Symmetry, vol. 13, no. 485, 2021.

[216] Lao, N., Cohen, W.W., "Relational Retrieval Using a Combination of Path-Constrained Random Walks", Machine Learning, vol. 81, no. 1, 2010.

[217] Bordes, A., Usunier, N., García-Durán, A., Weston, J., Yakhnenko, O., "Translating Embeddings for Modeling Multirelational Data", NIPS, 2013.

[218] Nickel, M., Rosasco, L., Poggio, T., "Holographic Embeddings of Knowledge

Graphs", AAAI, vol. 30, 2016.

[219] Sun, Z., Deng, Z.H., Nie, J.Y., Tang, J., "RotatE: Knowledge Graph Embedding by Relational Rotation in Complex Space", International Conference on Learning Representations (ICLR), 2019.

[220] Zhang, S., Tay, Y., Yao, L., Liu, Q., "Quaternion Knowledge Graph Embedding", NeurIPS, 2019.

[221] Dettmers, T., Minervini, P., Stenetorp, P., Riedel, S., "Convolutional 2D Knowledge Graph Embeddings", AAAI, 2017.

[222] Balažević, I., Allen, C., Hospedales, T.M., "Hypernetwork Knowledge Graph Embeddings", ICANN: Workshop and Special Sessions, pp. 553-565, 2019.

[223] Ha, D., Dai, A.M., Le, Q.V., "HyperNetworks", International Conference on Learning Representations (ICLR), 2017.

[224] Chen, X., Jia, S., Xiang, Y., "A Review: Knowledge Reasoning Over Knowledge Graph", Expert Systems with Applications, vol. 141, 112948, 2020.

[225] Akrami, F., Saeef, M.S., Zhang, Q., Hu, W., Li, C., "Realistic Re-evaluation of Knowledge Graph Completion Methods: An Experimental Study", Proceedings of the 2020 ACM SIGMOD International Conference on Management of Data, 2020.

第 4 章　経済ネットワークの分析

[226] 久野遼平, 長澤達也, 高橋秀, 近藤亮磨, 大西立顕, 「銀行送金ネットワークの内在的構造と時間変化」, 人工知能, 第 38 巻, 第 2 号, pp. 131-138, 2023.

[227] Ohnishi, T., Takayasu, H., Takayasu, M., "Hubs and Authorities on Japanese Inter-firm Network: Characterization of Nodes in Very Large Directed Networks", Progress of Theoretical Physics Supplement, vol. 179, pp. 157-166, 2009.

[228] Ohnishi, T., Takayasu, H., Takayasu, M., "Network Motifs in an Inter-firm Network", Journal of Economic Interaction and Coordination, vol. 5, no. 2, pp. 171-180, 2010.

[229] Viegas, E., Takayasu, M., Miura, W., Tamura, K., Ohnishi, T., Takayasu, H., Jensen, H.J., "Ecosystems Perspective on Financial Networks: Diagnostic Tools", Complexity, vol. 19, no. 1, pp. 22-36, 2013.

[230] Hisano, R., Watanabe, T., Mizuno, T., Ohnishi, T., Sornette, D., "The Gradual Evolution of Buyer-Seller Networks and Their Role in Aggregate Fluctuations", Applied Network Science, vol. 2, no. 9, pp. 1-15, 2017.

[231] Mizuno, T., Souma, W., Watanabe, T., "The Structure and Evolution of Buyer-Supplier Networks", PLoS ONE, vol. 9, no. 7, e100712, 2014.

[232] 石井晃, 大西立顕, 新井康平, 大浦啓輔, 戸谷圭子, 「実データを用いた企業間振込ネットワークにおけるページランクと振込総額の統計性とその応用」, SICE システム・情報部門社会システム部会第 7 回社会システム部会研究会資料, pp. 53-58, 2014.

[233] Aktas, M.E., Akbas, E., El Fatmaoui, A., "Persistence Homology of Networks: Methods and Applications", Applied Network Science, vol. 4, no. 1, pp. 1-28, 2019.

[234] Sornette, D., "Critical Phenomena in Natural Sciences: Chaos, Fractals, Selforganization and Disorder: Concepts and Tools", Springer Science and Business Media, 2006.

[235] Adams, R.P., MacKay, D.J., "Bayesian Online Changepoint Detection", arXiv:0710.3742, 2007.

[236] Huang, S., Hitti, Y., Rabusseau, G., Rabbany, R., "Laplacian Change Point Detection for Dynamic Graphs", SIGKDD International Conference on Knowledge Discovery and Data Mining, 2020.

[237] Brin, S., Page, L., "The Anatomy of a Large-Scale Hypertextual Web Search Engine", Computer Networks and ISDN Systems, vol. 30, no. 1-7, pp. 107-117, 1998.

[238] Paparrizos, J., Gravano, L., "K-Shape: Efficient and Accurate Clustering of Time Series", SIGMOD Rec., vol. 45, no. 1, pp. 69-76, 2016.

[239] Fama, E.F., "Random Walks in Stock Market Prices", Financial Analysts Journal, vol. 51, no. 1, pp. 75-80, 1995.

[240] Fama, E.F., "Efficient Capital Markets: A Review of Theory and Empirical Work", Journal of Finance, vol. 25, pp. 383-417, 1970.

[241] Fama, E.F., Fisher, L., Jensen, M.C., Roll, R., "The Adjustment of Stock Prices to New Information", International Economic Review, vol. 10, no. 1, pp. 1-21, 1969.

[242] Fama, E.F., "Two Pillars of Asset Pricing", The American Economic Review, vol. 104, 2014.

[243] Sherwood, W.M., Pollard, J., "Responsible Investing: An Introduction to Environmental, Social, and Governance Investments", Routledge, 2018.

[244] OECD, "Responsible Business Conduct for Institutional Investors: Key Considerations for Due Diligence Under the OECD Guidelines for Multinational Enterprises", OECD Guidelines, 2017.

[245] Hisano, R., Sornette, D., Mizuno, T., Ohnishi, T., Watanabe, T., "High Quality Topic Extraction from Business News Explains Abnormal Financial Market Volatility", PLoS ONE, vol. 8, e64846, 2013.

[246] Maloney, M., Mulherin, J.H., "The Complexity of Price Discovery in an Efficient Market: The Stock Market Reaction to the Challenger Crash", Journal of Corporate Finance, vol. 9, pp. 453-479, 2003.

[247] Chapelle, O., Schlkopf, B., Zien, A., "Semi-supervised Learning", 1st ed., Cambridge: The MIT Press, 2010.

[248] Wang, D., Cui, P., Zhu, W., "Structural Deep Network Embedding", SIGKDD

International Conference on Knowledge Discovery and Data Mining, 2016.

[249] Davis, J., Goadrich, M., "The Relationship Between Precision-Recall and ROC Curves", International Conference on Machine Learning, 2006.

[250] Hastie, T., Tibshirani, R., Friedman, J., "The Elements of Statistical Learning", Springer Series in Statistics, Springer, 2001.

[251] Greenwell, B.M., "pdp: An R Package for Constructing Partial Dependence Plots", The R Journal, vol. 9, no. 1, pp. 421-436, 2017.

[252] Zhou, Y., Luo, X., Zhou, M.C., "Cryptocurrency Transaction Network Embedding from Static and Dynamic Perspectives: An Overview", IEEE/CAA J. Autom. Sinica, vol. 10, no. 5, pp. 1-17, May 2023.

第 5 章　法の構造の計量分析

[253] Cane, P., Kritzer, H., eds., "The Oxford Handbook of Empirical Legal Research", Oxford University Press, 2012.

[254] Epstein, L., Martin, A.D., "An Introduction to Empirical Legal Research", Oxford University Press, 2014.

[255] Lawless, R.M., Robbennolt, J.K., Ulen, T.S., "Empirical Methods in Law", 2nd ed., Wolters Kluwer, 2016.

[256] Ashley, K.D., "Artificial Intelligence and Legal Analytics", Cambridge University Press, 2017.

[257] Livermore, M.A., Rockmore, D.N., "Law as Data: Computation, Text, and the Future of Legal Analysis", SFI Press, May 29, 2019.

[258] 飯田高, 「法の構造と計量分析」, 社会科学研究, 第 72 巻, 第 2 号, pp. 3-25, 2021.

[259] Holmes, O.W. Jr., "The Path of the Law", Harvard Law Review, vol. 10, pp. 457-478, 1897.

[260] La Porta, R., Lopez-de-Silanes, F., Shleifer, A., Vishny, R., "Investor Protection and Corporate Valuation", Journal of Finance, vol. 57, pp. 1147-1170, 2002.

[261] 瀬木比呂志, 「民事裁判入門: 裁判官は何を見ているのか」, 講談社, 2019.

[262] La Porta, R., Lopez-de-Silanes, F., Shleifer, A., "The Economic Consequences of Legal Origins", Journal of Economic Literature, vol. 46, no. 2, pp. 285-332, 2008.

[263] Shleifer, A., "The Failure of Judges and the Rise of Regulators", The MIT Press, 2012.

[264] Braucher, J., Cohen, D.J., Lawless, R.M., "Race, Attorney Influence, and Bankruptcy Chapter Choice", Journal of Empirical Legal Studies, vol. 9, no. 3, pp. 393-429, 2012.

[265] Mocan, H.N., Gittings, R.K., "Getting off Death Row: Commuted Sentences and the Deterrent Effect of Capital Punishment", The Journal of Law and Economics, vol. 46, no. 2, pp. 453-478, October 2003.

[266] Katz, D.M., Coupette, C., Beckedorf, J., et al., "Complex Societies and the Growth of the Law", Scientic Reports, vol. 10, 18737, 2020.

[267] Coupette, C., Beckedorf, J., Hartung, D., Bommarito, M., Katz, D.M., "Measuring Law Over Time: A Network Analytical Framework with an Application to Statutes and Regulations in the United States and Germany", Frontiers in Physics, vol. 9, 658463, 2021.

[268] Sakhaee, N., Wilson, M.C., "Information Extraction Framework to Build Legislation Network", Artificial Intelligence and Law, vol. 29, no. 1, pp. 35-58, 2021.

[269] van der Maaten, L., Hinton, G., "Visualizing Data using t-SNE", Journal of Machine Learning Research, vol. 9, pp. 2579-2605, 2008.

[270] Kondo, R., Yoshida, T., Hisano, R., "Masked Prediction and Interdependence Network of the Law Using Data from Large-Scale Japanese Court Judgments", Artificial Intelligence and Law, vol. 31, no. 4, pp. 739-771, 2022.

[271] Chalkidis, I., Fergadiotis, M., Malakasiotis, P., Aletras, N., Androutsopoulos, I., "Legal-BERT: The Muppets Straight Out of Law School", arXiv:2010.02559, 2020.

[272] Tagarelli, A., Simeri, A., "Unsupervised Law Article Mining Based on Deep Pre-trained Language Representation Models with Application to the Italian Civil Code", Artificial Intelligence and Law, vol. 30, no. 1, pp. 417-473, 2021.

[273] Fowler, J.H., Jeon, S., "The Authority of Supreme Court Precedent", Social Networks, vol. 30, no. 1, pp. 16-30, 2008.

[274] Radford, A., Narasimhan, K., Salimans, T., Sutskever, I., "Improving Language Understanding with Unsupervised Learning", Technical report, OpenAI, 2018.

索　引

著者略歴

久 野 遼 平
ひさ　の　りょう　へい
2013 年　スイス連邦工科大学チューリッヒ校博士課程修了
現　　在　東京大学大学院情報理工学系研究科数理・情報教育研究センター/数理情報学専攻
　　　　　講師，Dr.Sc.ETH Zürich

大 西 立 顕
おお　にし　たか　あき
2004 年　東京大学大学院新領域創成科学研究科複雑理工学専攻博士課程修了
現　　在　立教大学大学院人工知能科学研究科教授，博士（科学）

渡 辺 努
わた　なべ　　つとむ
1992 年　ハーバード大学 Ph.D.（経済学専攻）
現　　在　東京大学大学院経済学研究科教授

AI/データサイエンス ライブラリ "基礎から応用へ"=6
ネットワーク学習から経済と法分析へ

2024 年 6 月 25 日 ⓒ　　　　　　　　初 版 発 行

著 者　久 野 遼 平　　　発行者　森 平 敏 孝
　　　　大 西 立 顕　　　印刷者　山 岡 影 光
　　　　渡 辺 　努　　　　製本者　小 西 惠 介

発行所　　株式会社　サ イ エ ン ス 社
〒151–0051 東京都渋谷区千駄ヶ谷 1 丁目 3 番 25 号
営業　☎ (03) 5474–8500 (代)　振替 00170–7–2387
編集　☎ (03) 5474–8600 (代)
FAX　☎ (03) 5474–8900

印刷　三美印刷(株)　　　製本　(株)ブックアート

《検印省略》

サイエンス社のホームページのご案内
https://www.saiensu.co.jp
ご意見・ご要望は
rikei@saiensu.co.jp　まで．

ISBN978-4-7819-1604-0

PRINTED IN JAPAN